科学出版社“十三五”普通高等教育本科规划教材

# 遗传学实验

（第二版）

周 洲 主编

科 学 出 版 社

北 京

## 内 容 简 介

根据遗传学实验教学大纲的要求，结合国内院校实验教学软硬件情况，我们重新整理与编写了遗传学实验的教学内容。本书涵盖了经典遗传学、细胞遗传学、遗传毒理学、分子遗传学、人类遗传学、数量遗传学、群体遗传学分支，既有基础性实验，也有综合性实验，使学生能从不同层次与视角学习遗传学的研究思路和技术方法，以锻炼学生的综合分析能力与科研创新能力。本书具有思路清晰、设计合理、内容全面、方便实用等特点。

本书可作为综合性大学、师范院校、农林院校、医学院校等生命科学领域本科生的遗传学实验教材，也可作为遗传学及相关工作者的参考资料。

**图书在版编目（CIP）数据**

遗传学实验 / 周洲主编. —2 版. —北京：科学出版社，2018.8

科学出版社“十三五”普通高等教育本科规划教材

ISBN 978-7-03-058343-7

Ⅰ. ①遗…　Ⅱ. ①周…　Ⅲ. ①遗传学-实验-高等学校-教材　Ⅳ. ①Q3-33

中国版本图书馆 CIP 数据核字（2018）第 164720 号

责任编辑：王玉时　刘　畅 / 责任校对：严　娜

责任印制：张　伟 / 封面设计：迷底书装

科学出版社出版

北京东黄城根北街 16 号

邮政编码：100717

http://www.sciencep.com

北京虎彩文化传播有限公司 印刷

科学出版社发行　各地新华书店经销

*

2018 年 8 月第　一　版　开本：720 × 1000　1/16

2023 年 1 月第四次印刷　印张：8

字数：161 000

**定价：29.00 元**

（如有印装质量问题，我社负责调换）

# 再版前言

随着高校实验教学软硬件设施的不断完善，实验课程教学体系改革快速推进，生物学科实验课内容越发具备先进性、丰富性、综合性等特点，不仅激发了学生对生物学科的学习兴趣，也切实提高了学生的实验观察能力、动手能力及发现问题、分析问题和解决问题的能力。尽管实验教学改革成效显著，但也带来了不同实验课程内容重复、技术新颖却难以推广、重技术而轻分析等问题，为此我们筛选、整理与编写了遗传学实验项目，力求体现遗传学的自身特色，将基础性实验、应用性实验及分析性实验相融合，注重培养学生综合应用遗传学思维、知识和技能的能力，以适应创新人才的培养目标。本书的编写得到了南京师范大学教务处与生命科学学院的大力支持，科学出版社也为本书的出版付出了大量辛勤的劳动，编者在此一并表示诚挚的谢意。

由于时间仓促和水平有限，书中可能有疏漏和不当之处，期望读者批评指正。

编　者

2018 年 6 月

# 致　谢

本书受“江苏高校品牌专业建设工程项目”资助。

科学出版社对本书的出版和发行给予了大力的支持和帮助，在此向所有关心、支持和帮助本书出版发行的专家、同行和机构表示诚挚的谢意！

# 目 录

# 1 第一章　数据记录与分析

## 实验一　实验数据整理与分析

### 【实验目的】

掌握遗传学实验数据记录与整理方法。

### 【实验原理】

在遗传学实验过程中，基本都会涉及许多数据，主要分为：①观察数据，没有经过人为控制而收集到的数据，如调查人的身高；②实验数据，经过实验条件控制而收集到的数据，如微核诱导。大多数数据都为实验数据。数据主要采用计数和计量两种形式：①计数数据，各个数据只能是整数，如细胞数量；②计量数据，各个数据不一定是整数，可以有带小数的数据出现，其小数位的多少由测量工具的精度而定，如人的身高。

实验数据整理虽然可采用文字及数字来记录和表述，但具体效果并不好，在遗传学实验中通常会将实验数据整理成表格，表格比单纯的文字或数字更简洁、清晰、准确等。由调查或实验获得原始数据，往往是杂乱的，无规律可循，既不便于阅读，也不便于理解和分析，只有通过整理，这些数据才会变得一目了然，清晰易懂，人们才能发现其内部联系和规律。表格的形式多种多样，根据实验要求和数据本身特点，可以绘制形式多样的表格。表格适于呈现较多的精确数值或无明显规律的复杂分类数据，同时可对数据之间的平行、对比、相关关系进行描述，但缺点是精确而不直观，如缺乏变化趋势。插图则可把数据更直观地显示出来。插图是用几何图形来表示数量关系，插图可把实验对象的特征、内部构成、相互关系等简明、形象地表达出来，便于比较分析。在表达效果方面，插图在描述变量间的相互作用或非线性关系时是非常有效的，甚至能够把用文字难以表述清楚的内容简明扼要地呈现出来，使实验报告更合理、更完善，但插图的缺点是直观而不够精确。

## 【实验对象】

不同实验所得实验数据。

## 【实验准备】

器具：电脑；相关文具。

## 【实验步骤】

### 一、表格的结构

表格的基本结构：标题、标目、线条、数字、表注，通常采用三线表，没有竖线，只有表格顶线、栏目线和底线。

**表序　表题**

| 横标目的总标目或空白 | 纵标目的总标目 | | 纵标目的总标目 | |
|---|---|---|---|---|
| | 纵标目 | 纵标目 | 纵标目 | 纵标目 |
| 横标目 | ××× | ××× | ××× | ××× |
| …… | …… | …… | …… | …… |
| 横标目 | ××× | ××× | ××× | ××× |
| 合计或平均 | ××× | ××× | ××× | ××× |

注：×××

1）表序和表题：表序是表格的序号；表题是表格的名称，应准确得体、简短精练地表达表题，同表序一同置于表格顶线上方。

2）表头：包含整个横标目，指表格顶线与栏目线之间的部分，表明表格内的项目或反映表身中该栏目信息的特征或属性。

3）表身：栏目线与底线之间为表身，是表格的主体，用于数据的具体展现。

4）表注：必要时，应将表中的符号、标记、代码，以及需要说明的事项，以最简洁的文字，作为表注横排在底线下方。

## 二、插图的结构

插图是用点、线、面等几何图形，直观形象地表达、描述数据结果。其结构包括标题、标目、刻度、图例等，插图长高比例通常约为 5∶4 或 6∶5（图 1-1）。

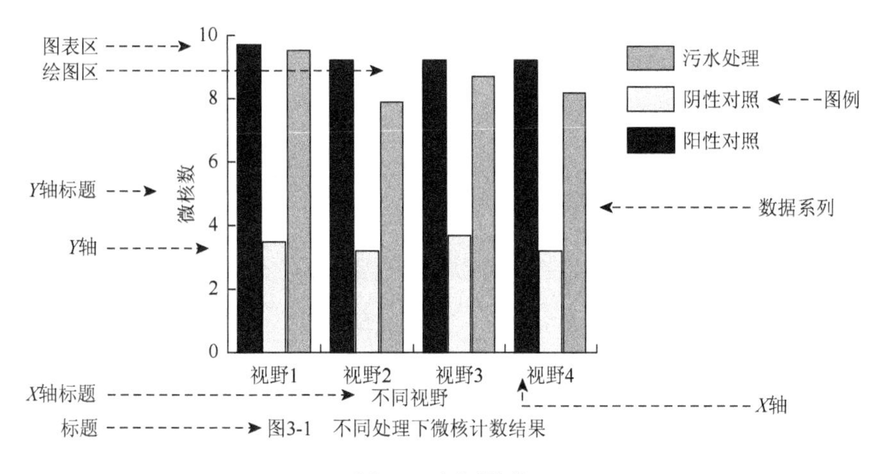


图 1-1　插图结构

1）标题：位置是在图的下方，标题前应有序号。

2）标目：分为纵标目与横标目，分别表示纵轴与横轴刻度的意义。

3）刻度：指在纵轴或横轴上的坐标，一般应从零起点，要求等距。

4）图例：区分插图中各种颜色和图形的具体含义。

## 三、数据分析

### 1. 遗传学实验数据统计分析方法

（1）卡方（$\chi^2$）检验

1）适合度检验：主要根据计数资料比较理论频数和实际频数的吻合程度问题。在第二章、第八章中用到，如果蝇杂交实验、群体遗传学数据分析。

2）独立性检验：主要根据计数资料判断不同类因子彼此相关或相互独立的假设检验。在第二章、第四章中用到，如果蝇杂交实验、细胞微核诱导与观察。

（2）Fisher 精确检验

主要根据计数资料判断两类因子彼此相关或相互独立的假设检验。当卡方独立性检验的 $n<1000$，或最终 $P$ 值接近 0.05 时，最好依据精确性检验。

（3）Shapiro-Wilk 检验

当 $n\leqslant 2000$ 时，判断数据是否服从正态分布。在第七章中用到，如人类身高遗传力调查、果蝇刚毛遗传力计算。

（4）方差分析

判断各因素对试验指标的影响是否显著。在第四章中用到，如果蝇寿命实验。

（5）回归分析

主要确定两种或两种以上变量间是否有相互依赖的定量关系。在第五章、第七章中用到，如琼脂糖凝胶电泳分析、人类身高遗传力调查。

### 2. 在线统计分析软件

常用的统计分析软件有 SAS、SPSS、R 语言等，若这些软件使用不熟练，也可借助在线统计分析软件——STATEXT 网站（http: //www.statext.com）完成数据分析工作。

1）该网站提供了统计学教程、卡方适合度与独立性检验、单因素方差分析及回归分析等在线分析方法。清除掉数据输入框中所有数据，然后单击任一在线分析方法，该网站都会在结果框中示例出该分析方法的数据输入格式，然后按照此格式重新在数据输入框中输入自己的数据，即可进行统计分析。

2）该软件也可以下载后使用，包含正态性检验、Fisher 精确检验、方差齐性检验、方差分析与多重比较等多种统计分析方法。打开软件后，清除掉“Data”窗口所有数据，然后单击菜单中的任一分析方法，该软件都会在“Results”窗口中示例出该分析方法的数据输入格式，然后按照此格式重新在“Data”窗口中输入自己的数据，即可进行统计分析。

3. 插图制作

Excel 或 WPS 软件所提供的图表选项都可制作实验结果插图，若需要制作更规范、更美观的插图，可从 EasyCharts 网站（http: //easychart.github.io）下载 Excel 软件插件 EasyCharts，采用此 Excel 插件可学习与制作更规范的实验插图。

## 【注意事项】

1）表格与插图尽量不要重复使用同一数据结果，选择表格或插图的其中一种表示即可。

2）实验报告不是表格与插图越多越好，而是根据其必要性进行精选，如果一两句话即可说明的内容就不必列表格或绘制插图。

3）表格和插图中出现的术语、符号、单位应与实验报告叙述相一致，确保整个实验报告的完整与统一。

# 实验二　实验图像采集与处理

## 【实验目的】

1. 初步掌握遗传学实验图像采集方法。
2. 初步掌握遗传学实验图像处理方法。

## 【实验原理】

在遗传学实验过程中，实验结果时常涉及图像采集与分析工作，随着数码设备和图像采集系统的普及，实验通常提供高分辨率的实验图像，可将实验结果传输至计算机呈现，为实验工作提供了极大的便利。图像处理技术就是利用计算机对所得的图像进行运算，如去除噪声、增强、复原、分割、特征提取等，以提高图像的实用性。数字图像的处理方法具有很多优势，如再现性好、处理精度高、适用面广、灵活性高，而且可以通过改进处理软件来优化处理效果，操作方便。

## 【实验对象】

不同实验所得实验结果。

## 【实验准备】

1. 器具

成像系统；图像采集系统等。

2. 软件

Adobe Photoshop CS3（PS）以上版本；GNU Image Manipulation Program（GIMP）等。

## 【实验步骤】

### 一、实验图像采集

#### 1. 实验图像简易拍摄

1）显微图像拍摄：手机拍摄显微镜物像都呈一个圆形，四周为暗区，这样的图像后期需加工处理。手机最好具近距拍摄功能，其镜头物理口径越大，图像质量越高，从目镜中取景也越方便，但口径太大则不易拍摄。

具体拍摄方法如下：打开显微镜光源，将玻片标本放置到显微镜的载物台上；调节好光线和焦距，用不同放大倍数的物镜观察、选择好所要拍摄的标本图像；进一步调节焦距和光圈，使组织、细胞或染色体等结构在目镜中成像清晰、反差增强，并位于视野的中央；打开手机，关闭闪光灯，将镜头对准显微镜上的任一目镜，小心调整镜头与目镜之间的距离和角度，使显微镜视野和所需图像显示在手机的液晶显示屏上；稳住手机，屏住呼吸，使手机完成自动对焦和拍摄过程。其技术要点在于，手机镜头与显微镜目镜间距离和角度的调整，使视野中的全景图像纳入手机的液晶显示屏上。

2）凝胶图像拍摄：用手机拍摄凝胶图像最好将拍摄的模式设置成灰度拍摄模式。

具体拍摄方法如下：将凝胶放置到透射仪上；调节好位置以对准摄像孔，首先打开电源常规检测；若透射光为白光，如蛋白质检测，采用手机常规拍摄即可，只需注意避免手机的抖动；若透射光为紫外光或蓝光，如 DNA 检测，最好采用手动模式，逐一设置拍摄的参数，如增大光线进入手机的时间等，先在白光下将手机的焦距调整好，然后将透射光调整为 254nm，一切准备好后打开紫外光或蓝光，开始拍摄并等待，手机拍摄的时间较之前的自动模式时间长得多，手机完成对焦和缓慢的拍摄过程，最后获得凝胶图像，在这期间更要注意避免抖动。

#### 2. 专业图像采集系统拍摄

只需严格按照教师或仪器操作说明即可获得高质量的实验图像，可用于图像处理与分析，尤其是半定量分析必须使用专业图像采集系统拍摄。

## 二、实验图像处理

### 1. 软件安装

进入网址 https: //www.adobe.com/cn/，在“支持与下载”界面下载最新版本的PS试用版软件；或在网址 https: //www.gimp.org/，下载 GIMP 免费软件，然后安装好备用。

### 2. 显微图像处理

普通手机所拍图像可转入计算机中，利用 PS 图像处理软件进行剪裁，将黑色的背景圆圈去除。

大致操作流程为：用选择工具，如矩形选框工具、椭圆选框工具等，选取所需目标区域，将其裁剪出；或反选后将不需要的区域删除，最后对图像的亮度和反差进行适当的修整，以获得较好的结果图像。

### 3. 凝胶电泳图像处理

通常所拍摄的图像目标区域不是处于横平竖直状态，这时可利用图像处理软件进行调整，将其调整到位。

大致操作流程为：仔细观察电泳条带，在条带的高点与低点分别构建参考线，形成“井”字形，用测量工具沿对角线量取角度，然后按此角度旋转图像，从而调整到位，最后对图像进行适当修整，或将目标区域裁剪出，得到结果图像。

### 4. 图像美化

1）色彩与明暗：为了更直观地展现实验结果，有时需要结合图像处理功能调整图像的色彩以及明暗对比。

大致操作流程为：根据需要选择调整对象，如色阶、亮度/对比度、曲线、色相/饱和度、色彩平衡等选项，对图像适当调整即可。

2）标注与组合：实验图像有时需要添加一下说明文字，或把多个结果图像组合在一起，以便更好地、更直观地展现与说明实验结果。

大致操作流程为：根据需要修整图像后，根据实验需要与美观需要，采用参考线和选择工具将不同图像排列组合起来；标注图像时也应先构建参考线，否则容易杂乱、影响美观，结合文字工具、形状工具等将图像中需要说明的部分进行标注。

## 【注意事项】

1）实验图像拍摄应以 TIF 格式保存，手机拍摄的图像格式为 JPEG，该格式不适合科学实验图像的分析，如半定量分析，处理过的结果图像也应保存成 TIF 格式。

2）若后续工作需要图像测量，如染色体长度，可在目镜中添加目镜测微尺，将目标图像和目镜测微尺一同拍摄即可；而专业的图像采集系统首先应定标，将标准尺度的图像拍摄并保存。

3）若后续工作需要进行半定量分析，图像采集应关闭白平衡，用手动模式拍摄，拍摄时应以相同参数重复拍摄，确保半定量分析的准确性。

4）上述两个软件在网络上有大量的使用教程，具体使用方法可上网查询与学习，注意实验图像修整处理不能过度，以免造假，如美化过的图像不能用于半定量分析。

# 实验三　实验图像分割与分析

## 【实验目的】

1. 初步掌握遗传学实验图像分割方法。
2. 初步掌握遗传学实验图像分析方法。

## 【实验原理】

在遗传学实验中，图像分割是指把图像中感兴趣的目标区域划分出来，是实验图像分析的前期关键步骤。虽然采用选择工具分割图像有简单快捷的优点，但重复性差、误差大；在生物学实验领域常用的方法为阈值分割法，需要学生前期将实验做好，所得图像目标区域清晰，与背景区域反差较大。阈值分割的关键是确定阈值，需要实验所得图像的背景和前景有明显对比。图像分析是对图像中所感兴趣的特定目标进行标定和测量，获取它们的客观信息，为实验结论提供证据。

## 【实验对象】

不同实验所得实验图像。

## 【实验准备】

软件：ImageJ 等。

## 【实验步骤】

### 一、实验图像分割

#### 1. 软件准备

进入网址 https: //imagej.nih.gov/ij/，在“Download”下载最新版本的 ImageJ 软件，该软件无须安装，直接解压即可使用。

### 2. 图像分割

1）打开灰度图像后，点击菜单栏“Image＞Type”选项，选择“8-bit”选项，将图像转换成灰度图像；点击菜单栏“Image＞Adjust”选项，选择“Threshold”选项，在弹出窗口中滑动滑块，直至红色覆盖住目标区域，即所需分析目标。

2）打开彩色图像后，点击菜单栏“Image＞Color”选项，将 RGB 图像拆分成 R、G、B 三个单色图像，找出明暗对比最好的单色图像，然后采用“Threshold”选项分割出目标区域。

## 二、实验图像分析

### 1. 长度测量

1）比例标定：按本章实验二方法将标尺图像调整成水平状态，打开标尺图像后，点击工具栏“Straight Line”，按住“Shift”键水平拖动标定刻度；点击菜单栏“Analyze＞Set Scale”，在对话框“Known distance”和“Unit of length”分别填写实际长度与单位，勾选“Global”表示对窗口中所有图像都适用，即 *X*（像素）= 1（单位长度，如 cm、mm、μm 等）。

2）长度测量：点击工具栏“Straight Line”测量目标对象，点击菜单栏“Analyze＞Measure”，弹出对话框“Length”即测量长度；若测量对象形状弯曲，如染色体，右击“Straight Line＞Segmented Line”沿曲线逐个点击形成曲线，然后记录结果。

3）置入比例尺：测量完成后，点击工具栏“Straight”，在图像右下角空白处按住“Shift”键水平拖动一段直线，然后点击菜单栏“Analyze＞Tools＞Scale Bar”，可将这次的测量比例显示在图像上。

### 2. 面积测量

图像经过分割与标定后，点击菜单栏“Analyze＞Set Measurements”，勾选对话框中“Area”和“Limit to Threshold”选项，同时将“Redirected to”指向所分

析的图像文件名；点击菜单栏“Analyze＞Analyze Particles”和“Analyze＞Measure”记录结果，其中“Area”即面积数据。

#### 3. 数目统计

1）手动计数：右击工具栏“Point Tool＞Multi-point Tool”，在目标对象上逐个点击，点击菜单栏“Analyze＞Measure”记录结果。

2）自动计数：同面积测量方法，结果可以看到目标对象的数目。

3）目标筛选：若对计数对象的大小、形状有一定要求，如微核计数，可点击菜单栏“Analyze＞Analyze Particles”，在参数“Size”和“Circularity”分别设置目标对象的面积与圆度大小区间，正圆的圆度值为0，如筛选处于有丝分裂状态的细胞。

### 三、DNA 电泳图像半定量分析

1）彩色转灰度：点击菜单栏“Image＞Type”，查看图像格式，若为 8-bit、16-bit、32-bit 格式，则图像无须转换，若为其他格式，则点击菜单栏“Edit＞Options＞Conversions”，勾选“Weighted RGB Conversions”，最后通过“Image＞Type”将图像转换成 8-bit 格式。

2）校正光密度：点击菜单栏“Analyze＞Calibrate”，在对话框中的“Function”选择“Uncalibrated OD”，勾选“Global calibration，OD = lg（255/pixel gray value）”，即完成光密度校正，其中完全黑色（gray value = 0）的像素 OD = 2.707 57。

3）选择结果数据：点击菜单栏“Analyze＞Set Measurements”，勾选对话框中“Area”“Mean gray value”“Integrated density”“Display label”选项，同时将“Redirected to”指向所分析的图像文件名。

4）图像分割与分析：点击菜单栏“Edit＞Invert”，将 DNA 电泳图像转换成明场图像（目标深色，背景浅色），双击工具栏“Wand Tool”，在“Tolerance”设置合适的容差值，然后选择目标条带，点击菜单栏“Analyze＞Measure”记录结果，获得 DNA 条带的积分光密度（IOD）值。

## 【注意事项】

关于 ImageJ 软件的菜单选项与工具按钮使用方法，可参考网站的在线使用说明。

# 2

# 第二章　经典遗传学实验

## 实验一　果蝇观察与培养

### 【实验目的】

1. 熟悉果蝇作为实验材料所具备的优点。
2. 熟悉果蝇生活史中不同阶段的形态特点。
3. 掌握果蝇雌雄及常见突变性状鉴别方法。
4. 掌握果蝇麻醉、饲养及管理相关方法。

### 【实验原理】

遗传学实验所用材料为黑腹果蝇（*Drosophila melanogaster*），黑腹果蝇（以下简称果蝇）染色体数为 8（$2n = 8$），可配成 4 对，其中 3 对都存在于雌雄果蝇，即常染色体；另外一对为性染色体，雌蝇为 XX，雄蝇为 XY。用果蝇作为实验材料的优点有：①饲养容易，在常温下，以玉米粉等作饲料就可以生长与繁殖；②生长迅速，10 天左右就可完成一个世代（表 2-1），每个受精的雌蝇可产卵 400～500 个，在短时间内可获得大量子代，便于遗传学分析；③染色体数少，只有 4 对；④唾腺巨大染色体制作容易，横纹清晰，易做基因定位，建立连锁群，便于细胞学观察；⑤突变性状多，且多数是形态突变，少部分须借助解剖镜或显微镜鉴定（表 2-2）。果蝇为完全变态类昆虫，在生活史上具有卵、幼虫、蛹、成虫 4 个时期。果蝇的雌雄在幼虫期较难区别，但到了成虫期区别相当容易，其特点如下（图 2-1）。①体形：雄性个体一般较雌性个体小。②腹部末端边缘：雌果蝇腹部椭圆形，末端稍尖，色白；雄果蝇腹部末端钝圆，有一黑斑。③腹部背面：雌果蝇腹部背面有明显的 5 条黑色环纹；雄果蝇有 3 条，前 2 条细，后 1 条宽，延长至腹面，肉眼可明显见到腹部末端呈一黑斑。④性梳：雄果蝇第一对脚的跗节前端表面有黑色鬃毛流苏，称性梳；雌果蝇无性梳。培养果蝇的最适温度为 20～25℃，在 25℃条件下成虫可存活 26～33 天。要注意的是培养瓶内的温度比外面略高，因为酵母菌发酵时会产生热量。

**表 2-1　果蝇生活史与温度**

| 发育时期 | 发育时间 | | | |
|---|---|---|---|---|
| | 10℃ | 15℃ | 20℃ | 25℃ |
| 卵→幼虫 | 57 天 | 18 天 | 8 天 | 5 天 |
| 幼虫→成虫 | | | 6.3 天 | 4.2 天 |

**表 2-2　果蝇突变性状**

| 突变性状 | 基因符号 | 性状特征 | 染色体 | 座位 | 鉴定方法 |
|---|---|---|---|---|---|
| 白眼 | *w* | 复眼呈白色 | X | 1.5 | 肉眼 |
| 焦刚毛 | *sn* | 头胸部一些粗刚毛为焦灼状 | X | 21.0 | 显微镜 |
| 小翅 | *m* | 翅顶端与身体末端约等长 | X | 36.1 | 肉眼 |
| 黑体 | *b* | 体色呈深色 | II | 48.5 | 肉眼 |

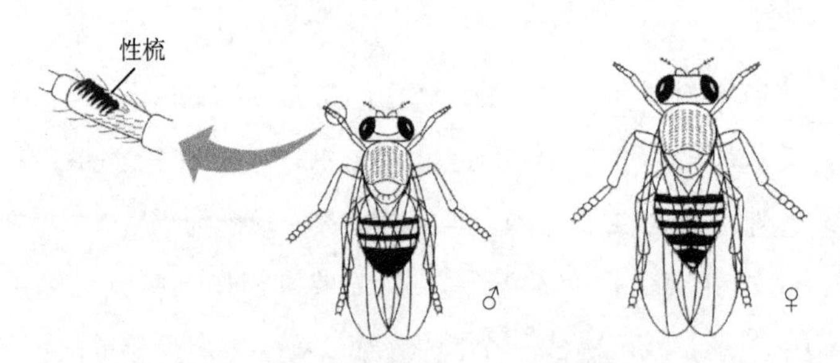


图 2-1　果蝇成虫示意图

## 【实验材料】

1. 黑体、红眼、长翅、直刚毛纯系亲本。
2. 灰体、白眼、小翅、焦刚毛纯系亲本。
3. 野外采集所得野生果蝇：可采用腐烂的水果如香蕉诱捕野生果蝇。

## 【实验准备】

1. 器具

双目解剖镜、放大镜、麻醉瓶、滤纸、毛笔、果蝇培养瓶等。

2. 试剂

乙醚、乙醇、琼脂、蔗糖、玉米粉、酵母粉、丙酸等。

## 【实验步骤】

### 一、果蝇性状观察

1. 肉眼观察

先用肉眼结合放大镜观察瓶内活动果蝇的形态、性别、翅长及眼色。

2. 果蝇麻醉

注意不同品系的果蝇不要混在一起操作。

1）乙醚麻醉：取一干净的空培养瓶作为麻醉瓶，将乙醚（2～3 滴）滴到麻醉瓶的棉花球上（注意不要让乙醚流进瓶内），麻醉瓶要保持干燥，否则会粘住果蝇翅膀，影响观察。麻醉果蝇时，先轻敲果蝇培养瓶，使果蝇全部震落在培养瓶底部，然后迅速打开培养瓶的棉塞，把果蝇转移至麻醉瓶中，并立即盖紧麻醉瓶，待果蝇全部昏迷后，倒在滤纸上进行观察。乙醚麻醉以轻度麻醉为宜，麻醉过量会导致死亡，翅膀外展超过 45°角。

2）二氧化碳麻醉：用医用氧气袋灌满 $CO_2$ 气体，将培养瓶横放轻敲，松开瓶塞，将导气管插入果蝇培养瓶中，待果蝇全部昏迷后（此方法麻醉的果蝇翅膀会外展超过 45°角），倒在滤纸上进行观察。采用 $CO_2$ 麻醉的优点是不需要麻醉瓶，不会致死；缺点是果蝇昏迷时间较短，因此适用于杂交实验过程中快速转移和扩大培养。

### 3. 显微观察

1）快速鉴别：将麻醉后的果蝇倒在滤纸上，观察不同品系果蝇的性状特征；可借助放大镜仔细观察其腹部末端，通过体形大小结合是否具有黑斑快速鉴别雌雄果蝇。

2）性梳鉴别：检查雄果蝇的性梳特征（低倍镜即可见），再检查雌果蝇是否具有性梳，验证快速鉴别是否与性梳鉴别的结果一致。

3）检查与观察各种正常性状与突变性状的差异，其中果蝇的刚毛类型需要在解剖镜或显微镜低倍镜下识别其特点，尤其是胸节部分的刚毛特征，观察完后可将果蝇移至新培养瓶中。

## 二、果蝇培养基

### 1. 果蝇培养瓶

培养果蝇用的培养瓶可用牛奶瓶，或大、中型指管，用海绵或纱布包的棉花球作瓶塞。实验室中保存原种及杂交实验以中型指管为宜。培养瓶用前要消毒，而后再装饲料（每瓶 2cm 厚即可）。

### 2. 果蝇培养基配制

果蝇是以酵母菌作为主要食料的，因此实验室内凡能发酵基质的，都可用作果蝇饲料。常用的饲料有玉米饲料、米粉饲料、香蕉饲料等。果蝇培养基的配方如表 2-3 所示。

**表 2-3　果蝇培养基的配方**

| 成分 | 玉米饲料 | 米粉饲料 | 香蕉饲料 |
|---|---|---|---|
| 水/mL | 200 | 100 | 50 |
| 琼脂/g | 1.5 | 2 | 1.6 |
| 蔗糖/g | 13 | 10 | — |
| 香蕉浆/g | — | — | 50 |

续表

| 成分 | 玉米饲料 | 米粉饲料 | 香蕉饲料 |
|---|---|---|---|
| 玉米粉/g | 17 | — | — |
| 米粉/g | — | 8 | — |
| 麸皮/g | — | 8 | — |
| 酵母粉/g | 1.4 | 1.4 | 1.4 |
| 丙酸/mL | 1 | 1 | 0.5～1 |

1）玉米饲料：取应加水量的一半，加入琼脂煮沸溶解，而后加蔗糖继续煮沸溶解；取另一半水混合玉米粉，调成糊状；将两者混合，继续煮沸 5min；以上操作都要搅拌，以免沉积物烧焦；待稍冷后加入酵母粉及丙酸，充分调匀后分装。

2）米粉饲料：方法与玉米饲料相同，用米粉代替玉米粉。

3）香蕉饲料：将熟透的香蕉捣碎，制成香蕉浆；将琼脂加到水中煮沸，使其充分溶解；在琼脂溶液中加入香蕉浆，煮沸；待稍冷后加入酵母粉及丙酸，充分调匀后分装。

4）丙酸的作用是抑制霉菌污染，如无酵母粉，也可用酵母液代替，但用法不同。若用酵母菌液则在饲料分装到培养瓶中以后再加入，每瓶加数滴。

5）待饲料冷却后，用酒精棉擦瓶的内壁，然后插入消毒过的滤纸条，作幼虫化蛹时的干燥场所。

## 三、果蝇培养

### 1. 果蝇交配

将雌雄果蝇放在一起培养，雌蝇的生殖器中有贮精囊，可保留交配所得的大量精子，雌蝇一次交配所得的精子足够它多次排出的卵受精，因此在做杂交实验时，雌蝇必须选用处女蝇（没有交配过的雌蝇）。雌蝇孵出后 8h 内不会交配，这个时间内把果蝇全部倒出，分出雌雄蝇，单独饲养，这时收集的雌蝇是处女蝇。杂交时把所需品系的雄蝇直接放到处女蝇培养瓶中，贴好标签，注明两亲本的基因型及交配日期，进行培养。

2. 原种培养

在做新的留种培养时，应事先检查一下果蝇有没有混杂，以防原种丢失。亲本的数目一般每瓶 5～10 对，移入新瓶时，须将培养瓶横卧，然后用毛笔将麻醉的果蝇从白瓷板上轻轻扫入，待果蝇醒过来后再把培养瓶竖起，以防果蝇粘在饲料上。原种每 2～4 周换一次培养基（依温度而定，10～15℃约 4 周换一次，20～25℃约 2 周换一次）。每一原种培养至少保留两套，培养瓶的标签上要写明突变名称、培养日期等。原种培养温度可控制在 10～15℃，培养时避免日光直射。果蝇在适宜条件下会产子代，在肉眼能看到幼虫时就可把亲本倒掉，几天以后，新的成蝇便产生了。待成蝇有了足够保种的数量后，要调换培养瓶，作为下一代的亲本，继续培养。

## 【注意事项】

1. 麻醉量的掌握

掌握好麻醉量，不要过量，以免致死；分清楚雌雄，每管接种 3～5 对。

2. 常见问题

1）饲料霉变：原种果蝇培养经常遇到的问题是饲料发霉。饲料中加丙酸可以抑制霉菌，但并不能完全制止。发现培养瓶中有少量霉点时可用烧过的解剖针挑出。若大量霉菌污染，可把果蝇全部倒在一个消毒过的空指管中，让它活动 2～3h，换一支指管，再活动 1～2h，而后倒入一支新的培养瓶中继续培养，这样可以防止霉菌污染。

2）品系混杂：原种保存遇到的另一个问题是混杂，几个不同品系的果蝇在一起培养，一定要防止混杂。培养瓶的塞子要做得紧些，不使果蝇逃出；调换培养瓶时，要防止果蝇飞散；发现了混杂的原种，要根据原种果蝇的全部特征，挑出数对雌雄蝇饲养，进行筛选直到完全没有分离为止。一般混杂时，只要方便，可以重新引种，将混杂种弃去。

## 【实验作业】

1）将自己识别出的果蝇品系列出数量，其中雌、雄个体的数量需注明。

2）记录培养的果蝇品系名称、日期、放入的雌性成蝇数量和雄性成蝇数量、培养温度、培养用途、可能开始出现三龄幼虫的时间。

# 实验二　果蝇杂交实验

## 【实验目的】

1. 掌握果蝇的杂交技术。
2. 学习与分析基因传递规律。

## 【实验原理】

基因传递规律主要包括基因分离定律、基因自由组合定律、基因连锁与互换定律、伴性遗传及三点测交。本实验采用位于常染色体上控制体色的等位基因（+ 和 *b*），性染色体上控制眼色（+ 和 *w*）、翅长（+ 和 *m*）、刚毛（+ 和 *sn*）的基因进行杂交实验与分析。设置果蝇杂交组合，正交组合为黑体、红眼、长翅、直刚毛的雌性亲本与灰体、白眼、小翅、焦刚毛的雄性亲本杂交；反交组合为灰体、白眼、小翅、焦刚毛的雌性亲本与黑体、红眼、长翅、直刚毛的雄性亲本杂交。依据子代灰体与黑体的数据结果分析基因分离定律，依据正交组合中子代灰体、白眼与黑体、红眼的数据结果分析基因自由组合定律，依据子代红眼与白眼的数据结果分析伴性遗传现象，依据反交组合中子代小翅、白眼与长翅、红眼的数据结果分析基因连锁与互换定律，依据反交组合中子代白眼、小翅、焦刚毛与红眼、长翅、直刚毛的数据结果进行三点测交分析。

## 【实验材料】

1. 黑体、红眼、长翅、直刚毛纯系亲本。
2. 灰体、白眼、小翅、焦刚毛纯系亲本。

## 【实验准备】

1. 器具

麻醉瓶、滤纸、放大镜、毛笔、镊子、培养瓶等。

2. 试剂

乙醚、玉米粉、琼脂、蔗糖、酵母粉、丙酸等。

## 【实验步骤】

### 一、正反交组合（具体操作参考本章实验一）

1. 收集处女蝇

1）按本章实验一的方法，对上述品系果蝇进行扩大培养，待新瓶出现成体果蝇后，将培养管中果蝇放空。

2）按 8h 间隔收集成体果蝇，每收集 3 只雌性果蝇即置于一培养管中，而其他雄性果蝇则放置于另一培养管中。

3）将收集好的雌性果蝇培养管置于 25℃培养箱中培养一周，确定没有幼虫的培养管为处女蝇。

2. 设置正反交组合

1）把收集到的果蝇分别倒出适度麻醉，按上述正反交组合，将对应的雄性果蝇移至对应的雌性果蝇瓶中。

2）在培养管上贴好标签或做好标记（如下所示），待果蝇完全苏醒后，竖立培养管置于 25℃培养箱中培养。

| 正交 | | |
|---|---|---|
| P: | ♀ | ♂ |
| 日期: | | |
| 姓名: | | |
| 学号: | | |

| 反交 | | |
|---|---|---|
| P: | ♀ | ♂ |
| 日期: | | |
| 姓名: | | |
| 学号: | | |

## 二、$F_1$代雌雄果蝇性状观察

经过 7～8 天后，移走亲本果蝇（一定要移干净），再过 4～5 天，$F_1$代成蝇出现，仔细观察并按表 2-4 记录$F_1$代雌雄果蝇性状。

**表 2-4　$F_1$代实验结果**

| 正交 | | | 反交 | | |
|---|---|---|---|---|---|
| 序号 | 表型 | 数量 | 序号 | 表型 | 数量 |
| 1 | 雌性、灰体、长翅、红眼、直刚毛 | | 1 | 雌性、灰体、长翅、红眼、直刚毛 | |
| 2 | 雄性、灰体、长翅、红眼、直刚毛 | | 2 | 雄性、灰体、长翅、红眼、直刚毛 | |
| 3 | 雌性、黑体、小翅、白眼、焦刚毛 | | 3 | 雌性、黑体、小翅、白眼、焦刚毛 | |
| 4 | 雄性、黑体、小翅、白眼、焦刚毛 | | 4 | 雄性、黑体、小翅、白眼、焦刚毛 | |

## 三、$F_1$代果蝇培养

将$F_1$代果蝇按本章实验一的方法雌雄配对转移至新培养管中，这时雌蝇无须处女蝇，可根据需要扩大培养，在培养管上贴好标签或做好标记（如下所示），置于 25℃培养箱中培养。

| 正交 | |
|---|---|
| $F_1$：　♀　♂ | |
| 日期： | |
| 姓名： | |
| 学号： | |

| 反交 | |
|---|---|
| $F_1$：　♀　♂ | |
| 日期： | |
| 姓名： | |
| 学号： | |

## 四、移走$F_1$代亲本

经过 7～8 天后，移走$F_1$代亲本（一定要移干净）。

## 五、$F_2$代成蝇性状观察

再过4～5天，$F_2$代成蝇出现，适度麻醉后的果蝇需要倒在滤纸上，随机编号后逐一观察，鉴别其性别、体色、翅长、眼色、刚毛等所有性状，并详细记录（表2-5），连续统计7～8天。在25℃条件下，自第一批果蝇孵化出10天内是可靠的，再迟的话，$F_3$代可能会出现了，被统计过的所有果蝇须转移到新的果蝇培养瓶中。

**表2-5　$F_2$代实验结果**

| 正交 | | | | | | 反交 | | | | | |
|---|---|---|---|---|---|---|---|---|---|---|---|
| 序号 | 性别 | 体色 | 眼色 | 翅长 | 刚毛 | 序号 | 性别 | 体色 | 眼色 | 翅长 | 刚毛 |
| 1 | | | | | | 1 | | | | | |
| 2 | | | | | | 2 | | | | | |
| 3 | | | | | | 3 | | | | | |
| …… | | | | | | …… | | | | | |

# 【实验作业】

1. 填写实验数据（表2-6～表2-10）

**表2-6　体色结果数据整理**　（单位：个）

| P | 正交 | | 反交 | |
|---|---|---|---|---|
| | 灰体 | 黑体 | 灰体 | 黑体 |
| $F_1$观察值 | | | | |
| $F_2$观察值 | | | | |

**表2-7　体色与眼色结果数据整理**　（单位：个）

| P（正交） | 灰体、红眼 | 灰体、白眼 | 黑体、红眼 | 黑体、白眼 |
|---|---|---|---|---|
| $F_1$观察值 | | | | |
| $F_2$观察值 | | | | |

表 2-8　眼色结果数据整理　（单位：个）

| P | 正交 | | | 反交 | | |
|---|---|---|---|---|---|---|
| | 性状 | 性别 | | 性状 | 性别 | |
| | | ♀ | ♂ | | ♀ | ♂ |
| $F_1$观察值 | 红眼 | | | 红眼 | | |
| | 白眼 | | | 白眼 | | |
| $F_2$观察值 | 红眼 | | | 红眼 | | |
| | 白眼 | | | 白眼 | | |

表 2-9　翅长与眼色结果数据整理　（单位：个）

| P（反交） | 性状 | 红眼 | | 白眼 | |
|---|---|---|---|---|---|
| | | ♀ | ♂ | ♀ | ♂ |
| $F_1$观察值 | 长翅 | | | | |
| | 小翅 | | | | |
| $F_2$观察值 | 长翅 | | | | |
| | 小翅 | | | | |

表 2-10　三点测交结果数据整理　（单位：个）

| $F_2$表型（反交） | 数量 | 比例/% | 重组位置 | | |
|---|---|---|---|---|---|
| | | | *m*—*w* | *m*—*sn* | *w*—*sn* |
| 长翅、红眼、直刚毛 | | | | | |
| 小翅、白眼、焦刚毛 | | | | | |
| 长翅、白眼、焦刚毛 | | | | | |
| 小翅、红眼、直刚毛 | | | | | |
| 长翅、红眼、焦刚毛 | | | | | |
| 小翅、白眼、直刚毛 | | | | | |
| 长翅、白眼、直刚毛 | | | | | |
| 小翅、红眼、焦刚毛 | | | | | |

2. 实验结果分析

1）根据$F_1$、$F_2$代果蝇性状观察可以得到哪些结论？

2）根据表 2-6 和表 2-7 实验数据，采用卡方（$\chi^2$）适合度检验分析，验证基因分离与自由组合定律。

3）根据表 2-8 和表 2-9 实验数据，采用卡方（$\chi^2$）独立性检验分析，根据结果可以得到哪些结论？

4）根据表 2-9 和表 2-10 实验数据计算 *m* 与 *w* 的遗传距离，构建 *m*、*w*、*sn* 遗传图谱。

# 实验三　脉孢霉四分子分析

## 【实验目的】

1. 掌握脉孢霉顺序四分体分析方法。
2. 掌握基因着丝粒距离计算和作图方法。

## 【实验原理】

脉孢霉（*Neurospore crassa*，$2n = 14$）属于真菌门子囊菌纲，其营养体由单倍体（$n = 7$）多细胞菌丝体和分生孢子组成，脉孢霉的生活史如图 2-2 所示。

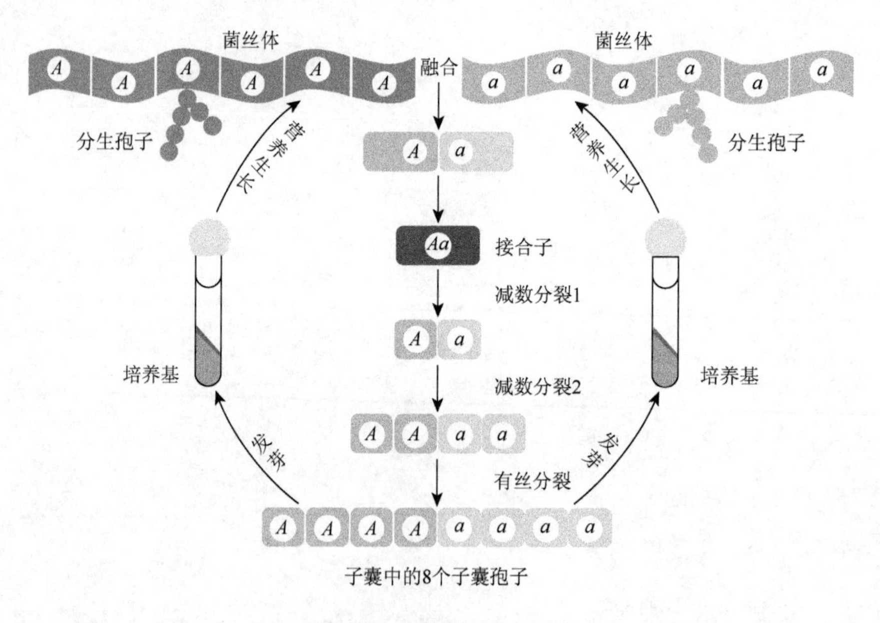


图 2-2　脉孢霉的生活史

脉孢霉的赖氨酸缺陷型菌株（$lys^-$）必须在基本培养基上补加赖氨酸才能生长，且生长缓慢迟熟，产生的子囊孢子呈灰色（–）；而野生型菌株（$lys^+$）在基本培养基上可正常生长，产生的子囊孢子呈黑色（+）。因此我们能在显微镜下直接观察不同的子囊型，并可根据子囊孢子颜色（黑色与灰色）的比例或在基本培养基上孢子萌发与不萌发比例是否为 1∶1 验证分离定律。由于控制这一对相对性状的基因在染色体上的位置离着丝点较远，两种亲本杂交所产生的子囊果中将出现 6 种可能的子囊型，即非交换型子囊（1）、（2）和交换型子囊（3）～（6）（图 2-3），其子囊中子囊孢子“+”与“−”的比例为 4∶4，可以以着丝点作为一个位点，估算基因 $lys^{+/-}$与着丝点之间的交换值，进行基因定位，该方法称为着丝点作图。但有时由于基因转换也会出现一些异常比例，如（7）、（8）的 6∶2、2∶6 和（9）、（10）的 5∶3、3∶5。

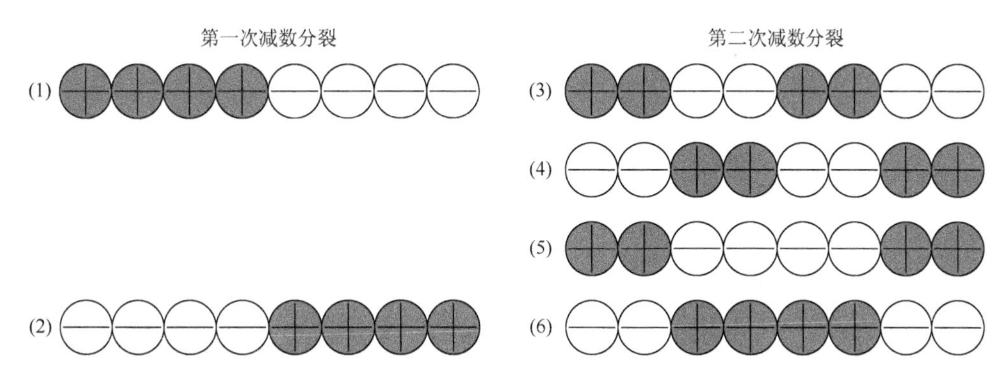


图 2-3　6 种可能的子囊型

利用脉孢霉进行遗传学分析的优点：①个体小，生长快，便于培养；②既可有性繁殖，又可无性繁殖，一次杂交可产生大量后代；③染色体与高等生物一样，研究结果可广泛应用于遗传学研究；④无性世代是单倍体，没有显隐性，基因型可以直接在表型上反映出来；⑤一次只需分析一个减数分裂的产物，就可得到遗传结果，简单易行。因此脉孢霉是进行基因分离和连锁交换遗传分析的好材料。

## 【实验材料】

脉孢霉野生型（$lys^{+}$）菌株、赖氨酸缺陷型（$lys^{-}$）菌株。

## 【实验准备】

1. 器具

显微镜、接种针、载玻片、试管、锥形瓶、钟表镊、解剖针、培养皿等。

2. 试剂

基本培养基（供接种野生型菌株）、补充培养基（供接种缺陷型菌株）、杂交培养基（供杂交实验用）、70%乙醇、赖氨酸溶液等。

1）基本培养基（供接种野生型菌株）：把马铃薯洗净去皮，取 200g 切成小块，加蒸馏水 1000mL，煮沸半小时后，滤去马铃薯块，将滤液补足水分。加入 15g 琼脂和 20g 葡萄糖，自然 pH，煮沸溶解后分装，高压灭菌后备用。

2）赖氨酸溶液：取 10g 赖氨酸溶解于 100mL 无菌水中，待完全溶解后用 0.22μm 孔径滤器过滤除菌后备用。

3）补充培养基（供接种缺陷型菌株）：基本培养基灭菌完成后，趁热迅速加入赖氨酸溶液混匀，赖氨酸用量为每 100mL 基本培养基中加 1mL 赖氨酸溶液。

4）杂交培养基（供杂交实验用）：将玉米粒在水中浸泡 24h 后捞出（已经浸泡软），并沥干水分，每试管放 3 或 4 粒，用镊子等硬器破碎；加入 1g 琼脂和 40～50mL 蒸馏水，煮沸溶化，每试管倒 3～4mL，插入一滤纸条，高压灭菌后备用。

## 【实验步骤】

1）菌种活化：为使菌种生活得更好，先要进行菌种的活化。从冰箱中取出保存的野生型（$lys^{+}$）和缺陷型（$lys^{-}$）的原种，在无菌条件下分别斜面接种，28℃温箱培养 5～6 天。直至在试管中长成许多菌丝，并且在菌丝上部有许多分生孢子时表明菌种活化成功。

2）接种杂交（需在无菌条件下）：在杂交培养基滤纸条上接种两亲本菌株的分生孢子或菌丝，25℃温箱进行混合培养。注意要贴上标签，写明亲本菌株及杂交日期。在杂交后 5～7 天就能看到许多棕色的原子囊果出现，之后原子囊果变大变黑成子囊果，经 7～14 天就可在显微镜下观察。

3）收集子囊果：在长有子囊果的试管中加满70%乙醇，用镊子将滤纸条取出，置于培养皿中。

4）显微镜观察：取一载玻片，然后挑出子囊放在载玻片上，用镊子柄平压或盖上另一载玻片，用手指压片，压开子囊，使子囊充分压散而未破裂。置显微镜下（10×10）检查，即可见30～40个子囊果。观察子囊中子囊孢子的排列情况，如发现30～40个子囊果像一串香蕉一样，可加一滴水，用解剖针把子囊拨开。观察过的载玻片、用过的镊子和解剖针等物品都需高压蒸汽灭菌后取出洗净，以防止实验室污染。

## 【注意事项】

1）观察时期要掌握适当，如偏早，虽有子囊，但孢子尚未成熟，都呈白色；如过迟，则全为黑色，无法区分交换型和非交换型。

2）用载玻片盖上压片而不用盖玻片，是因为子囊果很硬，若用盖玻片压，盖玻片就会破碎。

## 【实验作业】

### 1. 数据整理与计算

每组接种杂交一试管，待子囊果长成后进行观察，按不同的子囊型计数填入表2-11，并计算 *lys* 基因与着丝点间的交换值。

交换值 = (交换型子囊数/观察到的子囊总数)×1/2×100%

**表2-11　脉孢霉杂交实验结果**

| | 子囊型 | | | | | | | | | 子囊数 | 合计 |
|---|---|---|---|---|---|---|---|---|---|---|---|
| 非交换型（第一次分离） | （1） | + | + | + | + | – | – | – | – | | |
| | （2） | – | – | – | – | + | + | + | + | | |
| 交换型（第二次分离） | （3） | + | + | – | – | + | + | – | – | | |
| | （4） | – | – | + | + | – | – | + | + | | |
| | （5） | + | + | – | – | – | – | + | + | | |
| | （6） | – | – | + | + | + | + | – | – | | |
| 其他类型 | | | | | | | | | | | |

2. 思考题

1）在计算着丝粒距离的公式中，1/2 的含义是什么？

2）假设在基因与着丝粒之间有双交换发生，你的数据和计算结果会发生怎样的偏差？

分析脉孢霉的子囊孢子分离和交换现象与高等动植物的性状分离和交换有什么不同，本实验结果说明了什么？

3. 实验步骤说明

1）实验所用的赖氨酸缺陷型，有时接种在完全培养基上也长不好，需要加适量赖氨酸。

2）杂交后培养温度要控制在 25℃；30℃以上即抑制原子囊果的形成。

4. 实验结果说明

如果显微镜观察时间选择不当，就不能看到好的结果。过早，所有子囊孢子都未成熟，全为灰色；过迟，赖氨酸缺陷型的子囊孢子也成熟了，全为黑色，就不能分清各种子囊型。所以最好在子囊果发育至成熟大小、子囊壳开始变黑时，每日取几个子囊果压片观察，到合适时期置于 4～5℃冰箱中，保证在 3～4 周观察都行。

# 3 第三章 细胞遗传学实验

## 实验一 有丝分裂制片与观察

### 【实验目的】

1. 掌握植物染色体制片技术。
2. 观察有丝分裂过程中染色体的形态特征。
3. 观察染色体动态变化，明确其细胞遗传学基础。

### 【实验原理】

有丝分裂是细胞分裂的主要方式，按先后顺序划分为间期、前期、中期、后期和末期 5 个时期。细胞分裂过程中，核内染色体准确地复制，并有规律地、均匀地分配到两个子细胞中去，使子细胞和母细胞的遗传组成一样，从而保证了子细胞与母细胞所含染色体在数目、形态和性质上的一致性（图 3-1）。在细胞遗传学研究中，通常需要分析某物种的染色体数目，而最有效的方法就是观察细胞有丝分裂的中期，这样可得到较为准确的结果。能够观察有丝分裂全过程的生物材料随处可见，但能有效地实现这一观察目的，往往选择的是：①容易获取，成本较低，不受地区、季节、培养方式限制的物种；②染色体容易显现，细胞分裂活动旺盛，染色体数目较少，形态典型、容易辨认的物种。因此，蚕豆、洋葱是常被选用的好材料。各种生长旺盛的植物组织中，如根尖组织、茎尖组织、居间分生组织、愈伤组织等，常进行着剧烈的细胞有丝分裂。在细胞分裂的适当时候（分裂旺盛期）取材，进行预处理，采用固定、解离、染色和压片等方法，使细胞、染色体分散，便于在显微镜下观察染色体的形态特征、变化特点及进行染色体计数。由于植物存在细胞壁，因此需要除去细胞间的果胶层，使细胞壁软化便于压片，该处理过程称为解离，解离时间的长短依植物材料和解离液的不同而不同。时间短，细胞不易压散；时间过长，细胞易被压破，且影响染色效果。

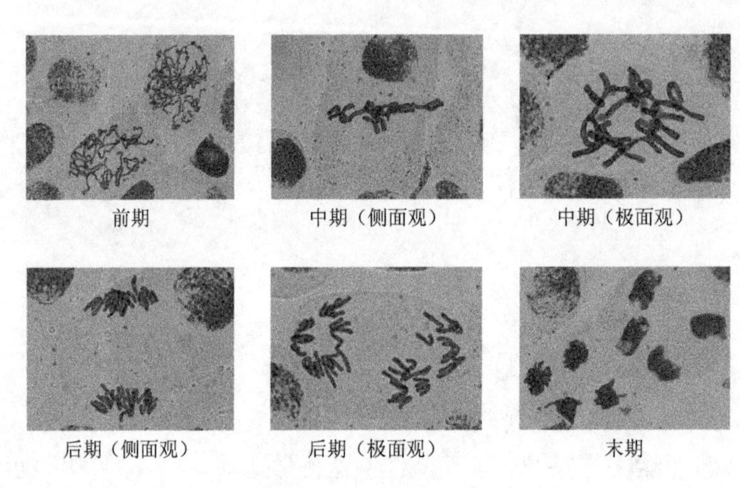


图 3-1　细胞有丝分裂

## 【实验材料】

1. 市售蚕豆（*Vicia faba*，$2n = 12$）。
2. 市售洋葱（*Allium cepa*，$2n = 16$）。

## 【实验准备】

1. 器具

显微镜、水浴锅、载玻片、盖玻片、滤纸等。

2. 试剂

1mol/L 盐酸、卡诺氏固定液、改良苯酚品红染色液等。

## 【实验步骤】

1. 材料准备

1）蚕豆根尖：选取新鲜饱满、大小均一、无损伤的蚕豆干种子，经日晒后，放在烧杯内，室温下清水浸泡一昼夜。种子吸水膨胀后，放在经过消毒的搪瓷盘上 20℃左右保湿培养（采用经过消毒的双层纱布覆盖），期间需注意防止霉菌污染，待根长至 1～2cm 时，于 9：00～10：30 或 14：00～16：00 剪下根尖备用。

2）洋葱根尖：剥去洋葱外层老皮，用刀削去底部老根（从底盘中央向四周削），注意不要削掉四周的“根芽”，置于盛有清水的小烧杯上，底部与水接触，培养过程中，注意每天至少换水一次，以防烂根。20～25℃光照条件下培养 2～3 天，待根长至 1～2cm 时，于 9：00～11：00 剪下根尖备用。

2. 解离

用蒸馏水冲洗根尖 2 遍，吸干水分，然后放入预热的 60℃的 1mol/L 盐酸中（洋葱 7～8min，蚕豆 10～12min），倒去解离液盐酸，用蒸馏水冲洗 3 遍，以利于着色。解离成功的根尖，分生组织发白，伸长区已呈半透明，似烂状。

3. 染色

选取已处理过的根尖一枚，放在干净载玻片中央，除去非分生组织的部分，并吸去多余水分。另取一张干净的载玻片，呈十字形交叉盖在有根尖的载玻片上，用大拇指按压在载玻片的中央，使根尖压成一薄层，然后将两载玻片分开，各滴一小滴染色液进行染色，染色时间为 10～20min。

4. 压片

取一盖玻片，盖玻片一边靠在离材料不远的载玻片上，左手握镊子顶着盖玻片，右手握解剖针托住盖玻片徐徐放下，若染色液不能布满盖玻片，可在盖玻片边缘稍加染色液，然后用一张大小合适的滤纸对折成条状（与盖玻片宽度略等），弯对折后夹住载玻片与盖玻片，覆盖在盖玻片上，然后一手固定盖玻片，另一手大拇指大力摁住材料部位的滤纸片，持续按同一方向转动，使根尖细胞分散均匀。

5. 镜检

将制备好的制片置于显微镜的载物台上，先用低倍镜（10×10）调焦观察，寻找到具有分裂象的细胞后，再转换到高倍镜（10×40）下观察。

## 【注意事项】

为了获得较多的洋葱的根，实验用的洋葱最好提前 1 个月购买，置于 15～20℃室内，经常翻动，使得洋葱鳞茎盘凸出，面积增大后用之生根，从而获得较多的实验用根尖。

## 【实验作业】

1. 实验结果

1）制作细胞有丝分裂各时期图像片子。

2）描绘所观察到的细胞分裂过程中各时期的图像，并简要说明染色体的行为特征。

2. 回答问题

1）什么是中期细胞的侧面观、极面观特征？

2）怎样区别末期细胞与恰好相邻的两个细胞？

# 实验二　减数分裂染色体行为观察

## 【实验目的】

1. 观察减数分裂过程中不同时期的染色体形态特征。
2. 观察减数分裂染色体动态变化，加深对染色体学说的理解。

## 【实验原理】

减数分裂包括连续两次的细胞分裂，第一次分裂是减数的，第二次是等数的。第一次分裂的前期较长，染色体变化较复杂，可细分为5个时期，即细线期、偶线期、粗线期、双线期和终变期。其主要特征为：①细线期，细胞核膨大，染色质浓缩为细长的染色线，其上分布着许多染色粒，呈细丝状的染色体相互缠绕成团；②偶线期，同源染色体开始配对；③粗线期，染色体缩短变粗，整个核中染色体较为稀疏；④双线期，染色体继续缩短，同源染色体互相排斥，部分分开，出现各种交叉现象；⑤终变期，染色体更粗短，分散于细胞中。由于植物花药取材容易，操作方便，可作为减数分裂制片材料，如蚕豆、大葱、水稻等，在发育的适宜时期进行取样、固定、压片等程序，便可在显微镜下观察到减数分裂时染色体的各种行为变化（图3-2）。染色体学说：孟德尔豌豆杂交实验论文被重新发现3年后的1903年，萨顿（W. Sutton）和鲍维里（T. Boveri）根据各自的研究，认为孟德尔“遗传因子”与配子形成和受精过程中的染色体行为具有平行性，同时提出了遗传的染色体学说，认为孟德尔的遗传因子位于染色体上，从而圆满地解释了孟德尔遗传现象，这个学说后来又为摩尔根（T. H. Morgan）等的研究所证实和发展。

## 【实验材料】

蚕豆（$2n = 12$）花蕾。

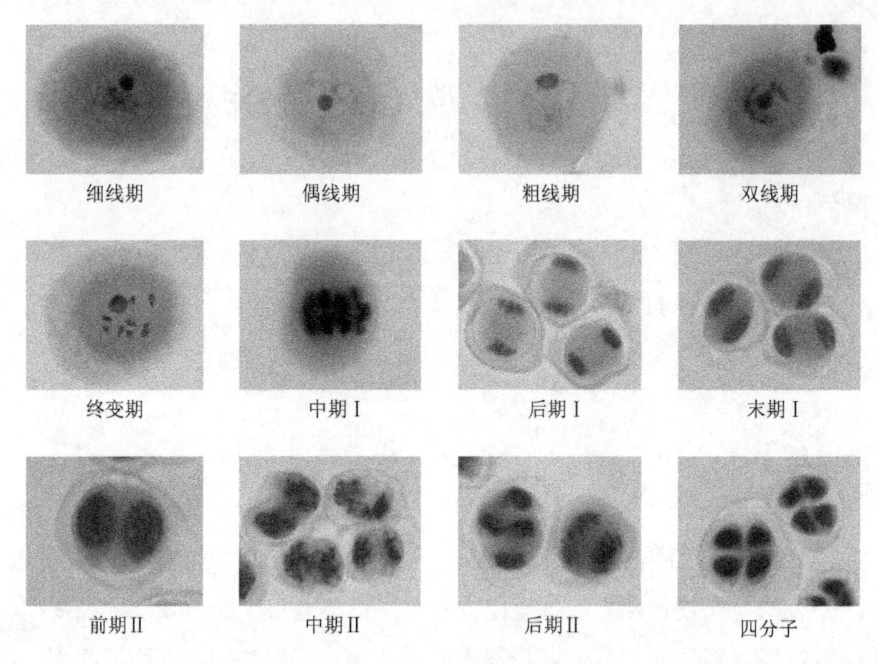


图 3-2 细胞减数分裂

## 【实验准备】

1. 器具

显微镜、水浴锅、解剖针、载玻片、盖玻片、滤纸等。

2. 试剂

45%乙酸（*V*/*V*）、卡诺氏固定液、改良苯酚品红染色液等。

## 【实验步骤】

1. 采集

在 11 月播种蚕豆，至翌年 2 月底前后观察蚕豆生长的状况，根据器官外部形态的指标决定是否取材。取材宜于阳光充沛的中午进行，将呈团状的花序摘下，去除叶片，但不要使花序分散。

2. 固定

将新取的花序投入新鲜配制的卡诺氏固定液中。如取的材料较多，应在固定期间更换几次固定液。固定时间依材料量而定，一般 1～2h 均可。固定结束后，分别用 95%、85%乙醇浸洗，去除残存乙酸，待无酸味后转入 70%乙醇中保存，最后可置于 4℃冰箱中常年保存。

3. 取材

制作减数分裂染色体标本前，从保存液中取出蚕豆花序，转入 50%乙醇中过渡，用蒸馏水浸洗几次。将花序中的大小不等的花蕾取出，按大小顺序排列，在试验期间，不要让材料干涸。如欲了解不同花蕾中减数分裂各时期与花蕾大小的关系，可以每次以一个花蕾为材料制片；如欲观察减数分裂各时期的细胞图像，可以同时取不同花蕾中的花药混合制片。

4. 制片

解剖花蕾，取出花药，然后去除花蕾苞片，取出花药放在洁净的载玻片上，吸去多余的液体，用刀片或两支解剖针将花药横向切断，滴一滴改良苯酚品红染色液于花药上，染色过程中用镊子挤压花药，使花粉母细胞从花药中充分逸出，染色 15～20min 后用镊子再次挤压花药，将花药壁等残渣镊走，这时若需要可滴一滴 45%乙酸分色并使之软化，盖上盖玻片，进行压片观察。

5. 压片

同本章实验一。

6. 镜检

先在低倍镜（10×10）下寻找具分裂象的花粉母细胞，然后依次转换到高倍镜（10×40）下观察减数分裂各个时期染色体的行为和形态特征。

## 【实验作业】

1）制作细胞减数分裂各时期图像片子。

2）描绘与记录所观察到的细胞分裂过程中各时期的图像，并简要说明染色体的行为特征。

3）仔细辨认寻找前期 I 的细线期、偶线期、粗线期、双线期和终变期的细胞（通常情况下，由于细线期和偶线期较难区分，因此本实验中可合称为细偶期）。

4）寻找和观察第二次减数分裂过程中的中期细胞的染色体，观察处在姐妹染色单体尚未分离阶段的染色体形态。

5）若你是第一个研究减数分裂的人，你将如何确定各个时期的顺序？

# 实验三　染色体制片与核型分析

## 【实验目的】

1. 熟悉核型分析各项数据指标。
2. 学习和掌握核型分析的方法。

## 【实验原理】

核型也称染色体组型，是指体细胞有丝分裂中期细胞核（或染色体组）的表型，是染色体数目、大小、形态特征的总和。每一个体细胞含有两组同样的染色体，用 $2n$ 表示。其中与性别直接有关的染色体，即性染色体，可以不成对。每个配子所带有的一组染色体，称为单倍体，用 $n$ 表示，而单倍体染色体数称为基数，用 $x$ 表示。在对染色体进行测量计算的基础上，进行分组、排队、配对，并进行形态分析的过程称为核型分析。将一个染色体组的全部染色体按其长短、形态、类型等特征逐条排列起来的图称为核型图。核型分析通常包括两方面的内容：①确定一个物种的染色体数目；②辨析每条染色体的特征。染色体在复制以后，纵向并列的两个染色单体通过着丝粒联结在一起。着丝粒在染色体上的位置是固定的。由于着丝粒位置的不同，染色体可分成相等或不相等的两臂，造成中部着丝粒（m）、亚中部着丝粒（sm）、亚端部着丝粒（st）和端部着丝粒（t）等形态不同的染色体（图 3-3）。此外，有的染色体还含有随体或次缢痕，所有这些染色

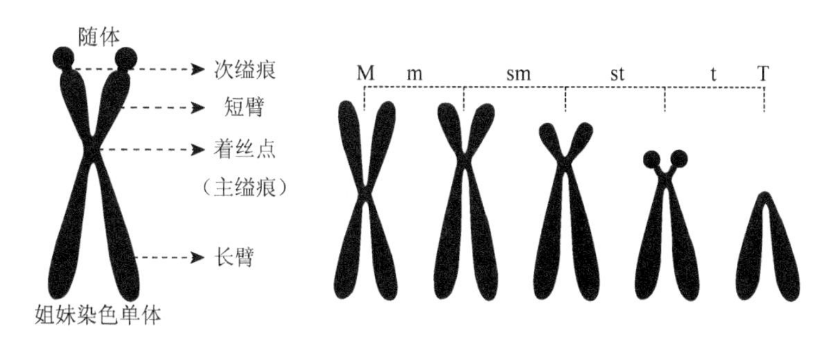


图 3-3　染色体的形态特征

体的特异性构成一个物种的核型。细胞分裂中期是染色体的形态结构最典型的时期，通过显微镜摄影，将选取伸展良好、形态清晰、有代表性的细胞分裂象进行高倍拍摄放大，得到用于核型分析的照片（图 3-4）。

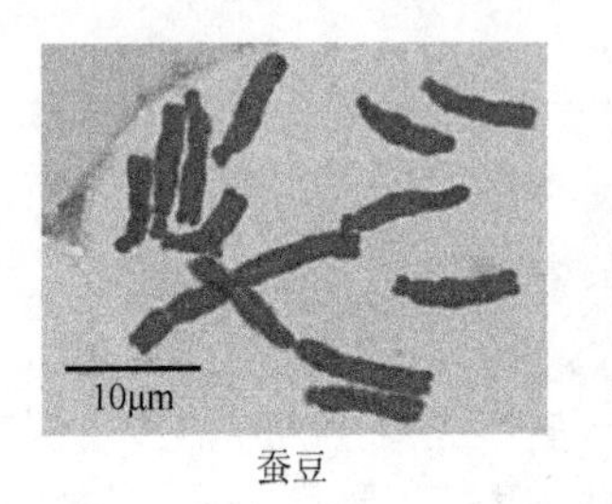


蚕豆

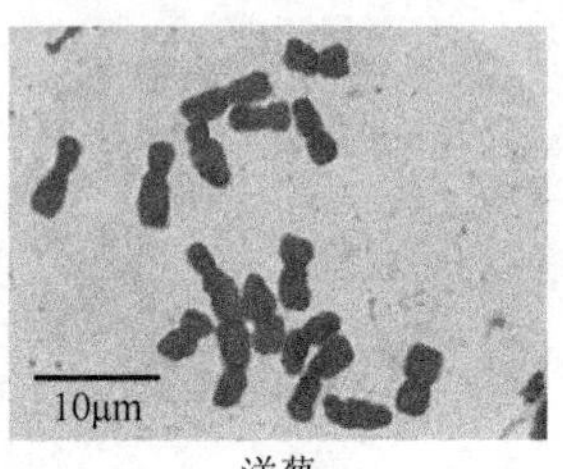


洋葱

图 3-4 中期细胞染色体

核型分析指标：①臂比值 $r$（长臂长/短臂长），如表 3-1 所示。②相对长度，是指某条染色体长度占一套单倍体染色体长度总和的百分比，相对长度（%）=（某染色体长度/单套染色体组总长）×100%（植物）；相对长度（%）= [某染色体长度/(单套常染色体 + X 染色体)的总长]×100%（动物）。核型公式：某种植物核型公式为 $2n = 2x = 10$ = 6m + 2sm + 2st（SAT），其中 $x = 5$，6m 代表有 6 条染色体为中部着丝粒，2sm 表示有 2 条染色体为亚中部着丝粒，2st（SAT）表示 2 条染色体为亚端部着丝粒并带有随体。

**表 3-1 染色体分类标准**

| 臂比值 | 着丝粒位置 | 染色体类型 |
|---|---|---|
| 1.00 | 正中部着丝粒 | M |
| 1.01～1.70 | 中部着丝粒 | m |
| 1.71～3.00 | 亚中部着丝粒 | sm |
| 3.01～7.00 | 亚端部着丝粒 | st |
| 大于 7.01 | 端部着丝粒 | t |
| ∞ | 正端部着丝粒 | T |

## 【实验材料】

市售蚕豆（$2n = 12$）。

## 【实验准备】

1. 器具

数码显微镜、剪刀、直尺等。

2. 试剂

1mol/L 盐酸、改良苯酚品红染色液等。

## 【实验步骤】

### 一、中期细胞染色体制备

1. 材料准备

发根培养参考本章实验一的方法，待根长至 1cm 时，将实验材料转移至 0.02%秋水仙素溶液中处理，可设置多个处理时间段（8h、12h、16h、20h）。

2. 解离

采用 1mol/L 盐酸解离根尖方法（参考本章实验一），解离后用蒸馏水冲洗根尖 2～3 次，然后置于蒸馏水中浸泡 30min，染色与压片操作参考本章实验一的方法。

3. 镜检

1）将制备好的片子置于数码显微镜的载物台上，先用低倍镜（10×10）调焦观察，寻找到具有分裂象的细胞后，再转换至高倍镜（10×40）下观察中期染色体。

2）仔细寻找染色体集中而不重叠，着丝粒、次缢痕和随体清晰，染色体长度适中而不弯曲、不扭曲、不断裂的染色体图像。

4. 拍照

滴上香柏油，物镜转换至油镜（10×100）下观察，将视野调整清晰后拍照留存；将镜台测微尺置于油镜（10×100）下，拍照留存。

## 二、核型分析

1. A4 纸打印

按第一章实验三的方法在染色体图像右下角空白处标注显微图像标尺，如用一短横线表示 10μm = $X$ 个像素，而后根据需要将此图像用 A4 纸打印 3～5 份。

2. 染色体测量

确定染色体数目，目测相片上每条染色体长度，按长短顺序初步编号，写在相片上每条染色体的背面，用钢尺逐个测量每条染色体长度 [长臂（q）长、短臂（p）长]，根据相片计算出各条染色体的相对长度、臂比值及着丝粒位置，有随体的染色体，其随体长度和次缢痕长度可计入全长，也可不计入，但必须加以说明。将测量的数据记录于表 3-2。

**表 3-2　核型分析实测记录表**

| 序号/条 | 实测长度/mm | | |
|---|---|---|---|
| | 长臂 | 短臂 | 全长 |
| 1 | | | |
| 2 | | | |
| …… | | | |
| *n* | | | |
| 合计 | — | — | |

3. 染色体相关数据的计算

将计算的数据记录于表 3-3。

**表 3-3　核型分析计算表**

| 序号/对 | 相对长度/% | 臂比值 | 着丝粒位置 | 染色体类型 |
|---|---|---|---|---|
| 1 | | | | |
| 2 | | | | |
| …… | | | | |
| *n* | | | | |

4. 核型图

1）染色体排序与分组：①将染色体由长到短重新编号，由左向右顺序贴在纸上。若两对染色体长度完全相等，则按短臂的长度顺序排列，长者在前，短者在后。②着丝点排列在同一水平线上，短臂在上，长臂在下。③着丝粒类型相同，相对长度相近的分一组。④同一组的按染色体长短顺序配对排列。⑤各指数相同（包括显带）的染色体配为一对。⑥可根据随体的有无进行配对。

2）完成上述步骤的染色体剪贴后，再附一张同一照片的中期分裂象，即成为染色体核型图。排列好后也可进行分析比较，确定其核型是否正常。

5. 核型模式图

根据前面的计算结果和排列的核型图，用坐标纸（坐标纸可在线搜索并打印）绘制核型模式图。横坐标为染色体序号，纵坐标为染色体（臂）的相对长度，“0”为长、短臂的分界线，长臂在下，短臂在上。各个染色体依横坐标方向按序号排列，染色体宽占 5 小格，相互之间相隔 10 小格，着丝粒位于纵坐标 0 处，占 4 小格，纵坐标为相对长度，次缢痕占 1 小格，染色体臂及随体长度每微米用 10 小格。

6. 模式照片

将所分析的质量较高的有丝分裂中期染色体完整照片粘贴在绘图纸上方正中，照片上注明放大倍数，并在照片上标出一个以 1μm 为长度单位的标尺。

7. 标明核型公式

在核型图和核型模式图的正下方标明核型公式。

## 【实验作业】

1）制作染色体核型图。

2）绘制染色体模式图。

3）描述核型分析结果。

# 4 第四章 遗传毒理学实验

## 实验一 果蝇寿命实验

### 【实验目的】

1. 掌握不同环境因子对果蝇寿命影响的实验方法。
2. 加深理解环境对生命体生长及遗传的影响。

### 【实验原理】

生长是由细胞分裂、分化、增多引起的个体由小到大的变化。环境因素往往是生命体生长繁殖的关键因素之一，动物均经历出生、生长、繁殖、死亡的过程。遗传因素是内在因素，DNA 是关键性的物质，DNA 的结构和功能发生变化，影响着遗传信息的传递和表达，影响生长、繁殖和衰老。基因是 DNA 有功能的片段，对衰老出现的迟早、进程的快慢和寿命的长短均起着重要的作用。随着分子生物学在老化方面研究的深入，生长、发育及老化过程受到遗传调控的观点正逐渐被广泛接受。但研究结果也清楚表明，除了遗传因素外，环境和其他因素对生命体的生长、发育和寿命也有着重要的影响。果蝇有生命周期较短、繁殖量大、饲养简便、反应灵敏等优点，其代谢系统、生理功能、生长繁殖等同哺乳动物基本相似，故在进行环境因素对生命体综合性影响的研究时，可将其作为一种很好的生物材料，是比较成熟的抗衰老模型动物。

## 【实验材料】

小翅突变型黑腹果蝇。

## 【实验准备】

### 1. 器具

同第二章实验一。

### 2. 试剂

同第二章实验一。

采用相同规格培养瓶配制含 $Zn^{2+}$的玉米培养基（厚度相同）。

1）空白对照组（CK）：常规玉米培养基。

2）实验组①：含 0.03g/L $ZnSO_4 \cdot 7H_2O$ 的玉米培养基。

3）实验组②：含 0.05g/L $ZnSO_4 \cdot 7H_2O$ 的玉米培养基。

4）实验组③：含 0.1g/L $ZnSO_4 \cdot 7H_2O$ 的玉米培养基。

5）实验组④：含 0.26g/L $ZnSO_4 \cdot 7H_2O$ 的玉米培养基。

## 【实验步骤】

### 1. 锌处理后亲代（$F_0$代）果蝇寿命检测

1）收集 8h 内羽化且未交配的果蝇，乙醚浅度麻醉后区分雌雄，每组分配雌雄果蝇各 100 只，每管 25 只，每间隔 4 天更换 1 次相同培养基，第 4 天开始每天定时统计各组果蝇死亡数目，直至全部死亡。

2）分别计算果蝇的平均寿命（*A*）、中间寿命（*B*）、最高寿命（*C*）以及 90%死亡时间（*D*），如表 4-1 与表 4-2 所示。

表 4-1　锌处理后亲代雌性果蝇寿命检测

| 组别 | 培养管 1 | | | | 培养管 2 | | | | 培养管 3 | | | | 培养管 4 | | | |
|---|---|---|---|---|---|---|---|---|---|---|---|---|---|---|---|---|
| | *A* | *B* | *C* | *D* | *A* | *B* | *C* | *D* | *A* | *B* | *C* | *D* | *A* | *B* | *C* | *D* |
| CK | | | | | | | | | | | | | | | | |
| ① | | | | | | | | | | | | | | | | |
| ② | | | | | | | | | | | | | | | | |
| ③ | | | | | | | | | | | | | | | | |
| ④ | | | | | | | | | | | | | | | | |

表 4-2　锌处理后亲代雄性果蝇寿命检测

| 组别 | 培养管 1 | | | | 培养管 2 | | | | 培养管 3 | | | | 培养管 4 | | | |
|---|---|---|---|---|---|---|---|---|---|---|---|---|---|---|---|---|
| | *A* | *B* | *C* | *D* | *A* | *B* | *C* | *D* | *A* | *B* | *C* | *D* | *A* | *B* | *C* | *D* |
| CK | | | | | | | | | | | | | | | | |
| ① | | | | | | | | | | | | | | | | |
| ② | | | | | | | | | | | | | | | | |
| ③ | | | | | | | | | | | | | | | | |
| ④ | | | | | | | | | | | | | | | | |

2. 锌处理后子代（$F_1$ 代）果蝇寿命检测

1）收集 8h 内羽化且未交配的果蝇，乙醚浅度麻醉后区分果蝇雌雄，随机分别放入实验组①～④培养基中培养，每组 10 管，每管 8 对雌雄果蝇，5 天后将成蝇移出。

2）收集 8h 内羽化且未交配的 $F_1$ 代成蝇，雌雄分开培养于普通培养基中，每组雌雄蝇各 100 只，每管 25 只，分别表示为实验组①～④，每间隔 4 天更换 1 次普通培养基，第 4 天开始统计各组死亡果蝇数，直至全部死亡。

3）分别计算果蝇的平均寿命（*A*）、中间寿命（*B*）、最高寿命（*C*）以及 90% 死亡时间（*D*），如表 4-3 与表 4-4 所示。

**表 4-3　锌处理后子代雌性果蝇寿命检测**

| 组别 | 培养管 1 | | | | 培养管 2 | | | | 培养管 3 | | | | 培养管 4 | | | |
|---|---|---|---|---|---|---|---|---|---|---|---|---|---|---|---|---|
| | *A* | *B* | *C* | *D* | *A* | *B* | *C* | *D* | *A* | *B* | *C* | *D* | *A* | *B* | *C* | *D* |
| CK | | | | | | | | | | | | | | | | |
| ① | | | | | | | | | | | | | | | | |
| ② | | | | | | | | | | | | | | | | |
| ③ | | | | | | | | | | | | | | | | |
| ④ | | | | | | | | | | | | | | | | |

**表 4-4　锌处理后子代雄性果蝇寿命检测**

| 组别 | 培养管 1 | | | | 培养管 2 | | | | 培养管 3 | | | | 培养管 4 | | | |
|---|---|---|---|---|---|---|---|---|---|---|---|---|---|---|---|---|
| | *A* | *B* | *C* | *D* | *A* | *B* | *C* | *D* | *A* | *B* | *C* | *D* | *A* | *B* | *C* | *D* |
| CK | | | | | | | | | | | | | | | | |
| ① | | | | | | | | | | | | | | | | |
| ② | | | | | | | | | | | | | | | | |
| ③ | | | | | | | | | | | | | | | | |
| ④ | | | | | | | | | | | | | | | | |

## 【注意事项】

1）为减少实验误差，亲本果蝇要确保是刚羽化出的成蝇。

2）收集的果蝇数目要多于实验所需数目，以防出现意外。

3）以小翅果蝇为材料，实验处理时不易发生逃逸，可确保数目比较可靠，处理起来也就比较方便。

## 【实验作业】

采用单因素方差分析 $Zn^{2+}$是否对果蝇寿命产生影响？哪种浓度对果蝇生长繁殖比较有益？

# 实验二　细胞微核诱导与观察

## 【实验目的】

1. 熟悉微核测试原理及意义。
2. 掌握蚕豆根尖的微核检测技术。

## 【实验原理】

微核（MCN）是真核生物细胞中的一种异常结构，是染色体畸变在间期细胞中的一种表现形式（图 4-1）。在细胞间期，微核呈圆形或椭圆形，游离于主核之外，大小应在主核 1/3 以下。微核的折光率及细胞化学反应性质和主核一样。一般认为微核是由丧失着丝粒的染色体断片或滞后染色体产生的，这些断片或染色体在有丝分裂过程中行动滞后，在末期不能进入主核，便形成了主核之外的核块。当子细胞进入下一次分裂间期时，它们便浓缩成主核之外的小核，即形成了微核。已经证实微核率的大小是和用药的剂量或辐射累积效应呈正相关的，这一点和染色体畸变的情况一样，因此可用简易的间期微核计数来代替繁杂的中期畸变染色体计数。

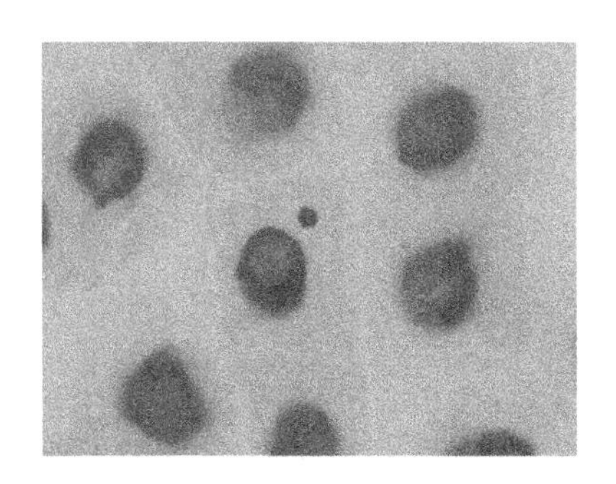
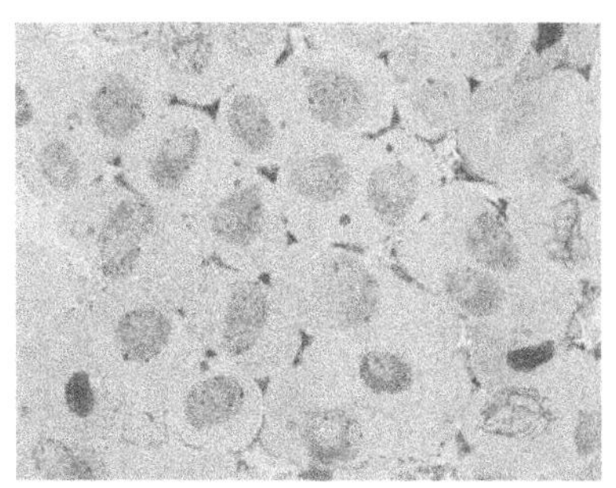

图 4-1　蚕豆细胞微核

由于蚕豆根尖细胞的染色体大，DNA 含量高，因此其对诱变因子反应敏感。

利用蚕豆根尖微核测试，可准确显示各种处理诱发畸变的效果，可用于污染程度的监测。由于环境污染问题日益严峻及癌症发病率上升，因此很需要有一套高度灵敏、技术简单的测试系统来监视环境污染程度。真核的测试系统更能直接推测诱变物质对人类或其他高等生物的遗传危害，在这方面，微核测试是一种比较理想的方法。目前微核测试已经广泛应用于辐射损伤、辐射防护、化学诱变剂、新药试验、染色体遗传疾病及癌症前期诊断等各个方面。

## 【实验材料】

市售蚕豆（$2n=12$）。

## 【实验准备】

1. 器具

显微镜、载玻片、盖玻片、培养皿、滤纸等。

2. 试剂

环磷酰胺溶液、蒸馏水、收集的污水等。

## 【实验步骤】

### 一、前期处理与染色体制备

1）蚕豆根尖材料准备：按第三章实验一的方法进行生根培养（长至1～2cm）。

2）染毒处理：将蚕豆置于不同水样中培养，用蒸馏水作阴性对照，环磷酰胺溶液（10mg/L）作阳性对照，实验组为不同区域采集的污水及其稀释液，处理时间为6h。

3）恢复培养：处理后的种子用自来水（或蒸馏水）浸洗三次，每次2～3min。洗净后在25℃条件下恢复培养22～24h。

4）染色体制备与镜检同第三章实验一。

## 二、蚕豆实验结果数据记录与分析

1）首先在低倍显微镜下找到分生组织区细胞分散均匀、分裂象较多的部位，再转到高倍镜下观察，微核识别标准为：①在主核大小的 1/3 以下，并与主核分离的小核；②小核着色与主核相当或稍浅；③小核形态为圆形、椭圆形或不规则形。

2）仔细观察与鉴别细胞微核现象，然后随机选择不同视野和染色体制片进行观察或图像采集，每一处理观察 3 个根尖，每个根尖至少数 1000 个细胞，统计其中含微核的细胞数（表 4-5）。

**表 4-5　微核数目记录表**

| 处理 | 第一片 | | 第二片 | | 第三片 | |
|---|---|---|---|---|---|---|
| | 细胞数目 | 微核数目 | 细胞数目 | 微核数目 | 细胞数目 | 微核数目 |
| 阴性对照 | | | | | | |
| 阳性对照 | | | | | | |
| 污水 | | | | | | |

3）计算各测试样品（包括对照组）微核千分率（MCN‰）。

MCN‰ = 实验观察到的微核数目/实验观察的细胞总数目

计数时一个细胞中无论出现几个微核均计为一个微核细胞。

## 【注意事项】

1）肉眼统计的细胞数目必须超过 1000 个，否则会引起较大误差，若采集图像后进行图像分析计数，则统计的细胞数目越多越好（至少 2000 个）。

2）对严重污染的水环境进行检测时，检测处理会造成根尖死亡，应稀释后再做测试；当没有空调恒温设备时，如室温超过 30℃，蚕豆阴性对照数据可能有升高现象。

## 【实验作业】

1）按表 4-5 要求记录相关数据，为什么要进行根尖细胞的恢复培养？

2）仔细观察处于有丝分裂期的蚕豆细胞，寻找并记录分裂异常的细胞。

3）仔细观察蚕豆微核形态特征，随机选取不同显微视野进行计数；用卡方独立性检验分析各处理之间是否具有显著的差异。

# 实验三　染色体数目变异检测

## 【实验目的】

1. 熟悉植物多倍体及其染色体特征。
2. 掌握用秋水仙素诱导植物多倍体的方法。

## 【实验原理】

染色体的畸变又称为染色体突变，包括染色体结构和数目的改变。染色体数目改变包括整套染色体的改变和单条或多条染色体的增减。基因突变在显微镜下是观察不到的，而染色体畸变在显微镜下是可以看到并加以区分的。植物染色体数目变异诱导主要分为物理方法或化学方法。物理方法包括低温、X 射线照射、嫁接等形式。化学方法包括秋水仙素、植物激素、核酸类似物等。由于化学方法的诱变效果最佳，因此使用最为广泛。若采用秋水仙素处理植物的根尖、花蕾、花粉等有丝分裂旺盛的部位，同样可诱导植物产生染色体加倍现象。随着染色体数目的增加，植物的表型通常也会发生一定的变化，如生物量加大（如粒大、穗长、根尖变粗等），这些都可以作为鉴别的辅助依据。准确的鉴定方法是进行染色体制片，对其数目进行计算（图 4-2）。为了增加可供分析用的分裂期细胞数，可以使诱变后的植物材料进行一段时间的正常生长，将加倍后的细胞通过有丝分裂增殖。

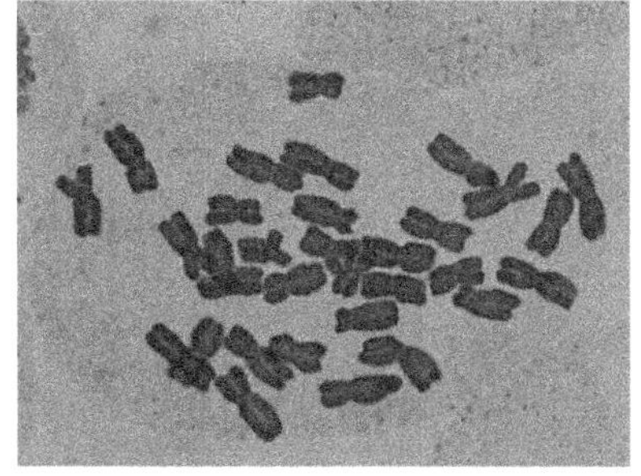

图 4-2　洋葱多倍体诱导

## 【实验材料】

市售普通洋葱（$2n = 16$）。

## 【实验准备】

1. 器具

同第三章实验一。

2. 试剂

0.2%秋水仙素，其他试剂同第三章实验一。

## 【实验步骤】

1. 洋葱材料的处理

1）实验组：取洋葱的鳞茎，去除干枯叶片、须根，置于盛水的容器上，进行发根培养。每天换水，待根长至 1cm 长，将带根洋葱鳞茎改用 0.2%秋水仙素溶液培养，处理 24～48h 后，用清水洗去秋水仙素溶液，继续以清水恢复培养 24h 以上，至根尖呈现鼓槌状。

2）对照组：取洋葱的鳞茎，去除干枯叶片、须根，置于盛水的容器上，进行发根培养作为对照，具体步骤同细胞有丝分裂实验。

2. 解离、染色、压片步骤

同第三章实验一。

3. 观察与鉴定

用根尖压片法制成染色体玻片标本，在显微镜下认真观察和染色体计数，与对照进行对比（表 4-6）。

**表 4-6　多倍体细胞记录表**

| 组别 | 中期细胞观察总数 | 二倍体细胞 | | 多倍体细胞 | |
|---|---|---|---|---|---|
| | | 数目 | 比例/% | 数目 | 比例/% |
| 对照组 | | | | | |
| 实验组 | | | | | |

## 【注意事项】

秋水仙素为有毒药品，实验中应注意不要将药品沾到皮肤上或眼睛中，如果不小心沾到，应用大量自来水冲洗。

## 【实验作业】

1）与对照植物相比，处理后的多倍体植物有哪些不同特征？

2）绘制多倍体细胞染色体在有丝分裂中期的图像，并比较其与二倍体细胞的异同。

# 5

# 第五章　分子遗传学实验

## 实验一　聚合酶链反应

### 【实验目的】

1. 熟悉聚合酶链反应（PCR）的原理。
2. 掌握聚合酶链反应技术。

### 【实验原理】

DNA 半保留复制是 PCR 技术的理论基础，其主要过程为：①DNA 模板的变性，通过提高温度使双链模板 DNA 成为单链 DNA；②引物退火（复性），降至一定温度，引物可与模板 DNA 单链的互补序列配对结合；③引物的延伸，在 $Mg^{2+}$ 存在下，用 DNA 聚合酶作催化剂，以脱氧核苷三磷酸（dNTP）为反应原料，靶序列为模板，按碱基互补配对与半保留复制原理，在引物的 3′端添加脱氧核苷酸，合成一条新的与模板 DNA 链互补的半保留复制链。在 PCR 扩增技术中，模板变性、引物退火与引物延伸构成了一个循环。重复循环变性—退火—延伸过程可获得更多的“半保留复制链”，且该链又可成为下次循环的模板，因而目的基因可在较多时间内呈指数级扩增与放大。PCR 反应体系主要由模板 DNA、引物、DNA 聚合酶、10×PCR 反应缓冲液、$MgCl_2$、dNTP 和循环数等组成。PCR 反应具有特异性强、灵敏度高、简便、快速、对标本的纯度要求低等特点。PCR 能快速特异扩增任何已知目的基因或 DNA 片段，常见类型有直接 PCR、多重 PCR、RT-PCR 等。①直接 PCR：无须对核酸进行分离提取，直接以组织样本为对象，加入目标基因引物进行 PCR 反应，避免实验室交叉污染，提高实验效率；②多重 PCR：在同一PCR反应体系里加上两对以上引物，同时扩增出多个核酸片段的PCR反应，从而避免分别扩增这些靶基因造成对试剂和模板的浪费。目前PCR技术已广泛用于目的基因的分离、克隆，基因多态性的分析，遗传病诊断，法医鉴定等诸多领域。

## 【实验材料】

人的总DNA提取样品。

## 【实验准备】

1. 器具

PCR仪、离心机等。

2. 试剂

PCR引物、无水乙醇、PCR试剂盒等。

## 【实验步骤】

### 一、苦味基因*TAS2R38*直接PCR扩增技术

1. 模板DNA制备

1）实验室取样。

A. 取出0.2μL PCR管，在PCR管加入50μL 50mmol/L NaOH溶液。

B. 用纯净水轻微漱口，戴上一次性手套，用无菌牙签轻刮脸颊内壁3～5次，将刮取物置于NaOH溶液中搅动释放细胞，然后弃去牙签。

2）社会调查取样。

A. 吸取1mL无水乙醇于1.5mL离心管中，盖紧管盖。

B. 被调查对象用纯净水轻微漱口，戴上一次性手套，用牙签轻刮脸颊内壁3～5次，将刮取物置于1mL无水乙醇中。

C. 剪去不含刮取物的多余牙签部分，盖紧管盖后，带回实验室。

D. 置于漩涡振荡器上振荡 30s，打开管盖后弃去牙签。

E. 盖紧管盖后，3000r/min 离心 10min，轻轻倾倒掉上清液，可用移液器轻轻吸取剩下的上清液，将离心管倒扣在无菌滤纸上晾干，或置于真空干燥仪中快速干燥。

F. 加入 50μL 50mmol/L NaOH 溶液，用移液器吹打沉淀，然后将混合液转移至 0.2mL PCR 管中。

3）将 PCR 管置于 PCR 扩增仪中，在 95℃条件下裂解 10min。

4）取出 PCR 管，在 PCR 管加入 5μL 1mol/L Tris-HCl（pH8.0）缓冲液（1/10 体积），用漩涡振荡器混匀，即为用于 PCR 的模板 DNA。

2. 配制 PCR 混合体系（表 5-1 和表 5-2）

在冰上放置 0.2mL PCR 管，根据总体积（50μL）加入无菌 $ddH_2O$，所用试剂解冻后立即置于冰上，可按体积由大到小顺序依次加入相关成分，配制反应混合体系。

**表 5-1 PCR 引物**

| 引物序列 | 碱基数 | 浓度 | 预计产物 |
|---|---|---|---|
| 1：5'-CCTTCGTTTTCTTGGTGAATTTTTGGGATGTAGTGAAGAGGCGG-3' | 44bp | 10μmol/L | 221bp |
| 2：5'-AGGTTGGCTTGGTTTGCAATCATC-3' | 24bp | 10μmol/L | |

**表 5-2 PCR 混合体系（30μL）**

| 组别 | DNA 模板 | 10×buffer | $MgCl_2$ | dNTP | 引物 1 | 引物 2 | *Taq* DNA 聚合酶 | $ddH_2O$ |
|---|---|---|---|---|---|---|---|---|
| 实验组 | 10μL | 3μL | 1.8μL | 2.4μL | 0.6μL | 0.6μL | 0.2μL | 11.3μL |
| 对照组 | — | 3μL | 1.8μL | 2.4μL | 0.6μL | 0.6μL | 0.2μL | 21.3μL |
| 终浓度 | 20～500ng | 1× | 1.5mmol/L | 0.2mmol/L | 0.2μmol/L | 0.2μmol/L | 1U | — |

3. 设置反应程序

将配制好的混合液轻轻混匀并轻微离心，在 PCR 扩增仪上按表 5-3 编入程序。

**表 5-3 梯度 PCR 程序设定**

| 参数 | 预变性 | 变性 | 退火 | 延伸 | 延伸 | 保存 |
|---|---|---|---|---|---|---|
| 温度 | 95℃ | 94℃ | 67℃ | 72℃ | 72℃ | 4℃ |
| 时间 | 2min | 30s | 45s | 45s | 5min | 备用 |
| 循环数 | 1 | | 30 | | 1 | ∞ |

4. 开始反应

编完反应程序后，置 PCR 管于 PCR 扩增仪反应孔中，开动机器。

## 二、ABO 血型基因多重 PCR 扩增技术

1. 模板 DNA 制备

方法同上。

2. 多重 PCR 反应混合体系配制（表 5-4 和表 5-5）

在冰上放置 0.2mL PCR 管，根据总体积（50μL）加入无菌 $ddH_2O$，将 PCR 试剂解冻后置于冰上操作，可按体积由大到小顺序依次加入相关成分，配制反应混合体系。

**表 5-4 多重 PCR 引物**

| 引物序列 | 碱基数 | 浓度 | 预计产物 |
|---|---|---|---|
| 1：5'-CACCGTGGAAGGATGTCCTC-3' | 20bp | 5μmol/L | 200bp（A 和 B 等位基因） |
| 2：5'-AATGTCCACAGTCACTCGCC-3' | 20bp | 5μmol/L | 199bp（O 等位基因） |
| 3：5'-GTGGAGATCCTGACTCCGCTG-3' | 21bp | 5μmol/L | 159bp（A、B 和 O 等位基因） |
| 4：5'-CACCGACCCCCCGAAGAA-3' | 18bp | 5μmol/L | |

**表 5-5 多重 PCR 混合体系（50μL）**

| 组别 | DNA 模板 | 10× buffer | $MgCl_2$ | dNTP | 引物 1 | 引物 2 | 引物 3 | 引物 4 | *Taq* DNA 聚合酶 | $ddH_2O$ |
|---|---|---|---|---|---|---|---|---|---|---|
| 实验组 | 10μL | 5μL | 3μL | 4μL | 2μL | 2μL | 1μL | 1μL | 0.3μL | 21.7μL |
| 对照组 | — | 5μL | 3μL | 4μL | 2μL | 2μL | 1μL | 1μL | 0.3μL | 31.7μL |
| 终浓度 | 20～500ng | 1× | 1.5mmol/L | 0.2mmol/L | 0.2μmol/L | 0.2μmol/L | 0.1μmol/L | 0.1μmol/L | 1.5U | — |

3. 设置反应程序

将配制好的混合液轻轻混匀并轻微离心，在 PCR 扩增仪上按表 5-6 编入程序。

**表 5-6 PCR 程序设定**

| 参数 | 预变性 | 变性 | 退火 | 延伸 | 延伸 | 保存 |
|---|---|---|---|---|---|---|
| 温度 | 95℃ | 95℃ | 60℃ | 72℃ | 72℃ | 4℃ |
| 时间 | 2min | 30s | 30s | 30s | 3min | 备用 |
| 循环数 | 1 | | 30 | | 1 | ∞ |

4. 开始反应

编完反应程序后，置 PCR 管于 PCR 扩增仪反应孔中，开动机器。

## 【注意事项】

1）PCR 反应体系中的各组分需参考试剂的说明书进行添加混合，上述实验步骤中的含量为各试剂在总体积体系中的最终含量。

2）鉴于溶液黏性会造成误差，可根据实际需求计算 PCR 反应体系中各试剂所需总量，将各试剂合并成一管添加好（稍大于所需理论总量），然后精确分成相应等份，–20℃保存备用，最后实验操作时单独添加模板 DNA。

3）PCR 产物的电泳检测时间一般为 48h 以内，有些最好于当日电泳检测，大于 48h 后带形不规则甚至消失。

## 【实验作业】

简述 PCR 的基本原理和操作过程。

# 实验二 琼脂糖凝胶电泳分析

## 【实验目的】

1. 掌握琼脂糖凝胶电泳检测 DNA 的方法。
2. 掌握琼脂糖凝胶电泳图像分析的方法。
3. 掌握限制性片段长度多态性的检测原理与方法。

## 【实验原理】

琼脂糖凝胶电泳主要由琼脂糖、电泳缓冲液、琼脂糖浓度、核酸分子质量标准（Marker）、加样缓冲液等组成。琼脂糖是从琼脂中提取出来的多糖，可形成具有刚性的滤孔，孔径的大小取决于琼脂糖的浓度。浓度越高，孔隙越小，其分辨能力就越强。Marker 包含已知大小或含量的核酸分子片段，这使得在电泳过程中存在系统误差的情况下，能够容易地确定未知核酸分子的大小。琼脂糖凝胶电泳的优点有：①操作简单，电泳速度快，样品无须事先处理即可进行电泳；②琼脂糖凝胶结构均匀，对样品吸附极微，电泳图谱清晰，分辨率高，重复性好；③琼脂糖凝胶透明，无紫外吸收，电泳过程和结果可直接用紫外线灯定性或半定量检测。

①DNA 大小测定（图 5-1）：在一定条件下，核酸在琼脂糖凝胶电泳中，其分子质量与电泳迁移率符合 $\lg L = K - b\times \mathrm{Rf}$ 的关系。式中，$L$ 为 DNA 片段碱基数目；$K$ 为常数；$b$ 为斜率；Rf 为相对迁移率。在测定与计算相对迁移率时，首先测定 DNA 条带中心与起点及起点与终点的距离，然后构建回归方程，最后计算出目的 DNA 片段大小。②DNA 浓度测定（图 5-2）：DNA 浓度大小在琼脂糖凝胶上表现为颜色深浅及面积大小，肉眼只能定性地进行判读，最多粗略地做主观的分级评价，若采用现代图像分析技术，可对目的区域的颜色深浅与面积大小进行测定，其结果与 DNA 浓度呈线性相关，因此可通过图像分析技术半定量测定 DNA 浓度。在图像分析中，使用灰度值（$G$）来表示图像中某个像素的明暗程度，将其转换成光学密度（OD）：$\mathrm{OD}_{(x,y)} = \lg\{(G_{白色} - G_{黑色}) \div [G_{像素(x,y)} - G_{黑色}]\}$，其中白色表示图像

前景色（默认为白色，$G = 255$），黑色表示图像背景色（默认为黑色，$G = 0$），根据朗伯-比尔定律，DNA 条带的面积大小与颜色深浅[$\sum OD_{(x,y)}$，即 IOD]与 DNA 含量呈正相关，因此可根据已知浓度 DNA 条带的 IOD 值，构建回归方程，从而测定未知 DNA 溶液的相对浓度。

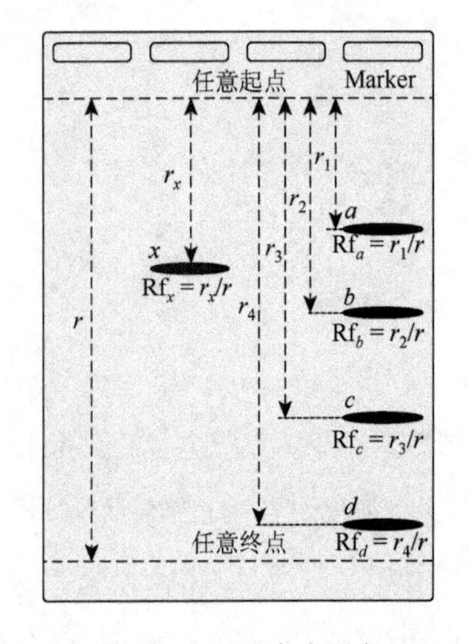


图 5-1　DNA 大小测定

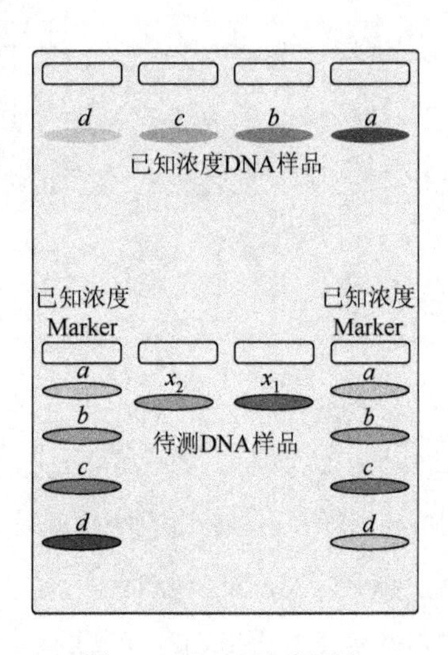


图 5-2　DNA 浓度测定

限制性片段长度多态性（RFLP）：原理是检测 DNA 在限制性内切核酸酶酶切后形成的特定 DNA 片段的大小，凡可引起酶切识别位点变异的突变，如 DNA 序列中点突变、插入、缺失都会造成内切酶酶切位点丢失或产生，从而导致 RFLP 的产生。

## 【实验材料】

ABO 复合 PCR 扩增产物、QDL2000 Quantitative DNA Marker。

## 【实验准备】

### 1. 器具

电泳仪、水平电泳槽、微波炉、电磁炉、制胶板、微量移液器、PCR 仪、蓝光透射仪、凝胶成像系统等。

2. 试剂

Takara 内切酶 *Hae*III试剂盒、DNA 加样缓冲液（6×）、适用于 DNA 电泳的琼脂糖、GeneGreen 核酸染料、0.5×TBE 电泳缓冲液、溴酚蓝、甘油等。

## 【实验步骤】

### 一、琼脂糖凝胶电泳

1）取制胶板，水平放置，在一端插好梳子，将胶槽四周封严，使之形成均匀水平的胶面。若加 DNA 样品量大时，则选用较厚的梳子，将较多胶倒入胶槽内，反之则选用较薄的梳子，或倒入较少的凝胶。

2）按所分离的 DNA 分子的大小范围，称取适量的琼脂糖粉末，置于锥形瓶中，加入 0.5×TBE 电泳缓冲液，混匀后加热溶解，待凝胶溶液透明清澈后取出，加入 GeneGreen 核酸染料（0.1μL/mL），充分混匀后将凝胶倒入胶槽内，厚 3～5mm。

3）待胶凝固后，将其放进电泳槽内，在槽两端倒入 0.5×TBE 电泳缓冲液，至液面覆盖过胶面 2～5mm。离加样孔近的电极接“–”极，远的接“+”极（即 DNA 样品由“–”极向“+”极跑）。

4）将 5 体积 DNA 样品与 1 体积的 6×DNA 加样缓冲液混合，逐一加入样孔中，然后在左右两边加样孔中分别加入 5μL 的 QDL2000 Quantitative DNA Marker。

5）根据凝胶长度，选择合适的电压和电流，电压最高不超过 5V/cm，开始电泳。观察蓝色的带的移动，当其移动至距胶板前沿约 1cm 处，停止电泳。

6）把胶槽取出，小心滑出胶块，在蓝光透射仪的样品台上铺上一张保鲜膜，赶去气泡平铺，然后把凝胶放在上面，关上样品室外门，打开蓝光，观察、拍照并保存。

## 二、DNA 浓度测定

1）采用 2%～2.5%琼脂糖凝胶电泳检测：加样时将 PCR 产物与 Marker 共同点样。

A. *TAS2R38* 基因 PCR 扩增产物。

B. ABO 血型基因 PCR 扩增产物。

2）以 5μL QDL2000 Quantitative DNA Marker 上样量为例，2000bp、1000bp、750bp、500bp、250bp、100bp 条带的 DNA 量分别为 200ng、100ng、75ng、50ng、25ng、10ng。

3）测量 Marker 和 PCR 产物电泳条带的 IOD 值，以 Marker 各条带 IOD 值为纵坐标，以其 DNA 含量为横坐标，构建回归方程，计算 PCR 产物的浓度。

## 三、DNA 大小测定

1）采用 2%～2.5%琼脂糖凝胶电泳检测。

A. ABO 血型基因 PCR 扩增产物。

B. *TAS2R38* 基因 PCR 扩增产物及其酶切产物。

2）测量 Marker 和目的 DNA 所显色出的电泳条带的迁移距离，以 Marker 各片段核苷酸数的 lg 值为纵坐标，以相对迁移率 Rf 为横坐标，构建回归方程，计算 DNA 片段大小。

## 四、酶切反应

1）使用限制性内切核酸酶 *Hae*Ⅲ对 *TAS2R38* 基因 PCR 产物进行消化，37℃温育 60min，反应体系参考表 5-7，试剂具体用量可根据实际需要进行调整。

**表 5-7　酶切反应体系**

| 体系 | PCR 产物 | 10×M buffer | *Hae*Ⅲ | 总体积 |
|---|---|---|---|---|
| 反应体系 | 17μL | 2μL | 1.0μL | 20μL |
| 终浓度 | ≤1μg | 1× | 10U | |

2）酶切反应预期结果（表 5-8）：显性基因 T 经过 *Hae*III酶切后，长度变为 177bp 和 44bp；*Hae*III无法酶切隐性基因 t，因此出现 177bp 片段则说明是 TT 基因型；出现 221bp 和 177bp 片段则说明是 Tt 基因型；仅出现 221bp 片段则说明是 tt 基因型。

**表 5-8　ABO 基因型谱带**

| 基因型 | 酶切形式 | 可见片段/bp |
|---|---|---|
| TT | 完全酶切 | 177 |
| Tt | 半酶切 | 221，177 |
| tt | 无酶切 | 221 |

3）采用 2%～2.5%琼脂糖凝胶电泳检测酶切结果，电泳时 DNA 上样量为 20μL，最终确定基因型。

## 【注意事项】

1）琼脂糖凝胶应加热至完全透明澄清溶液，且需等到凝胶内外完全凝固后电泳，否则会导致电泳条带拖尾及扭曲变形；当琼脂糖凝胶浓度较高时可加热、溶解、凝固后再加热溶解 1 次，最后在较低温度（4℃）下完全凝固凝胶。

2）加样时要小心操作，避免损坏凝胶或将样品槽底部凝胶刺穿。若吸头尖端碰坏孔壁会造成 DNA 带形不整齐，注意避免直接照射皮肤与眼睛，应在暗箱窗口观察结果，以免紫外线对人皮肤及眼睛的损伤。

3）加样缓冲液的主要作用：①增加样品的密度，使 DNA 均匀沉到样孔底；②在样品中加入染料，能使其在电场中以可见的速率移动，从而估计电泳时间和判断电泳位置。

4）由于电泳前将核酸染料添加至凝胶中会使 DNA 迁移率发生变化，因此也可以在电泳后根据染料使用说明进行浸泡染色，但对浓度较高的琼脂糖凝胶染色效果较差。

5）如果电泳后 DNA 带不是尖锐清晰而是形状模糊，这可能是由于以下的几个原因：①DNA 已降解；②DNA 加样量过大；③电压是否太高；④加样孔是否有破裂；⑤凝胶中是否存在气泡；⑥照相或成像器材需保养。

6）由于荧光的灵敏度非常高，DNA 含量较高会导致荧光强度过强，这时图像无法区分不同较高浓度的DNA样品，因此可根据需要稀释DNA，使得图像荧光强度适中，提高DNA半定量的准确性。

## 【实验作业】

1）记录所观察的电泳图谱，分析PCR产物分子的相对大小与浓度。

2）回答问题：

A. 在pH8.0的缓冲体系中DNA分子将带何种电性？

B. 溴化乙锭与溴酚蓝在琼脂糖凝胶分离DNA的电泳过程中分别起什么作用？

3）观察电泳结果，记录自己的*TAS2R38*基因型。

# 实验三　聚丙烯酰胺凝胶电泳检测

## 【实验目的】

掌握聚丙烯酰胺凝胶电泳检测 DNA 的原理与方法。

## 【实验原理】

聚丙烯酰胺凝胶（PAG）是丙烯酰胺和交联剂甲叉双丙烯酰胺在催化剂和加速剂作用下共聚合而成的高分子网状结构化合物。这种介质既具有分子筛效应，又具有静电效应。PAG 网孔大小与丙烯酰胺和甲叉双丙烯酰胺的浓度有关，而且 PAG 的机械性、弹性、透明度、黏着度等也与这两者的比例有关，通常根据核酸分子大小选择适当的凝胶浓度。PAG 电泳的特点是分辨率极高，相差 1bp 的核酸分子就能分开，因此也适用于寡聚核苷酸分离和核酸序列分析；缺点是操作复杂，其制备及电泳都比琼脂糖凝胶更费事。PAG 常灌制于两块封闭的平板之间，进行垂直电泳，优点有：①样品槽装载核酸量大，如多达 10μg DNA 并不明显影响分辨率；②无色透明，紫外线吸收低，抗腐蚀性强，机械强度高，韧性好。具体方法可分为：①用于分离和纯化双链 DNA 片段的非变性 PAG；②用于分离和纯化单链核酸片段的变性 PAG。其中非变性 PAG 较为常用，主要用于分离和纯化小分子双链 DNA 片段（＜1000bp），大多双链 DNA 在此胶中的迁移率大略与其大小的对数值成反比，但迁移率也受碱基组成和序列的影响，同等大小的 DNA 分子可能由于空间结构的不同而迁移率相差 10%，故不宜用它来确定双链 DNA 的大小。PAG 核酸染色检测方式主要有金属离子染色法和荧光染色法。①金属离子染色法：根据金属离子与 DNA 结合原理的不同，又可分为多种方法，其中银染法为最常用的染色方法，银染法是通过 $Ag^+$与核酸形成稳定复合物，然后用甲醛使 $Ag^+$还原成银颗粒方法显色，染色结果在可见光下即可直接检测。其特点为灵敏度很高（最低检测量是 0.1～1ng），但缺点是专一性不强，与蛋白质、去污剂反应也能产生褐色，且操作时间长及步骤较多。②荧光检测法：采用荧光染料染色，其结果可在透射仪下检测。其特点为具有较高的灵敏度（最低检测量是 1.4ng）、重现性好、操作方便。

## 【实验材料】

pBR322/*Msp* I Marker；人 ABO 基因复合 PCR 扩增产物。

## 【实验准备】

1. 器具

电泳仪、垂直板电泳槽系统、脱色摇床、漩涡振荡器等。

2. 试剂

NEB 内切酶 *Alu* I 和 *Kpn* I -HF、DNA 加样缓冲液（6×）、10×TBE 电泳缓冲液（贮存液）、40%丙烯酰胺预混液（Acr-Bis 液，19∶1）、四甲基乙二胺（TEMED）、10%（*m*/*V*）过硫酸铵（APS）、GeneGreen 核酸染料等。

1）染色液：用 0.1g $AgNO_3$ 定容于 100mL 超纯水中，现配现用。

2）显色液：1.2g NaOH，400μL 37%甲醛溶液溶于 100mL 预冷的超纯水中，现配现用。

3）固定液：10%冰醋酸，10mL 冰醋酸溶于 100mL 超纯水中。

## 【实验步骤】

### 一、双酶切反应

1. 酶切反应体系

使用限制性内切核酸酶 *Alu* I 和 *Kpn* I -HF 对复合 PCR 产物同时酶切，37℃温育 5～15min，反应体系参考表 5-9，试剂具体用量可根据实际需要调整。

表 5-9　双酶切反应体系

| 体系 | PCR 产物 | 10×CutSmart buffer | *Alu* Ⅰ | *Kpn* Ⅰ-HF | 总体积 |
|---|---|---|---|---|---|
| 反应体系 | 43μL | 5μL | 1.0μL | 1.0μL | 50μL |
| 终浓度 | ≤1μg | 1× | 10U | 10U | |

### 2. 酶切反应预期结果

酶切反应预期结果如表 5-10 所示。

1）O 基因经过 *Kpn* Ⅰ -HF 酶切后为 171bp 和 28bp，故 171bp 片段出现则说明有 O 基因。

2）B 基因经过 *Alu* Ⅰ 酶切后产生 118bp 和 41bp，所以 118bp 片段出现说明有 B 基因。

表 5-10　ABO 基因型谱带

| 基因型 | 引物 1 和 2 酶切形式 | *Kpn* Ⅰ -HF 消化可见片段/bp | 引物 3 和 4 酶切形式 | *Alu* Ⅰ 消化可见片段/bp |
|---|---|---|---|---|
| AB | 无酶切 | 200 | 半酶切 | 159，118 |
| OO | 完全酶切 | 171 | 无酶切 | 159 |
| BB | 无酶切 | 200 | 完全酶切 | 118 |
| BO | 半酶切 | 200，171 | 半酶切 | 159，118 |
| AA | 无酶切 | 200 | 无酶切 | 159 |
| AO | 半酶切 | 200，171 | 无酶切 | 159 |

## 二、聚丙烯酰胺凝胶电泳

### 1. 渗漏检查

按仪器说明制备胶室，吸取适量超纯水或双蒸水添加至胶室，静止 3～5min，仔细检查胶室是否渗漏（渗漏须拆卸重新制备），将胶室中水倒出，剩余水分可用滤纸条吸干。

2. 凝胶配制

依所分离的DNA片段大小来确定合适的凝胶浓度（本实验凝胶浓度为6%），用于核酸电泳检测的PAG，其交联度（*C*%）一般为19∶1，所需40% Acr-Bis液体积为$V_a$（mL）= 凝胶总体积*V*（mL）×胶浓度（*T*%）÷40%（表5-11）。

**表5-11　不同浓度PAG试剂表**

| 试剂 | 不同浓度（*T*%）凝胶（100mL） | | | | |
|---|---|---|---|---|---|
| | 3.5 | 5.0 | 8.0 | 12.0 | 20.0 |
| Acr-Bis液 | 8.75mL | 12.5mL | 20mL | 30mL | 50mL |
| 10×TBE | 10.0mL | 10.0mL | 10.0mL | 10.0mL | 10.0mL |
| 去离子水 | 添加至100mL | | | | |
| TEMED | 35μL | 35μL | 35μL | 35μL | 35μL |
| 10%过硫酸铵 | 0.7mL | 0.7mL | 0.7mL | 0.7mL | 0.7mL |

3. 凝胶灌制

用微量移液器将溶液从玻璃板的凹处向两玻璃板之间慢慢倒入，注意避免在凝胶中产生气泡，直到灌满为止，将梳子插入凝胶中，待凝胶聚合成固体后，小心拔出梳子，用电泳缓冲液冲洗样品孔。

4. 添加电泳缓冲液

在上样槽中加满1×TBE电泳缓冲液，仔细观察槽中的电泳缓冲液是否渗漏，否则须将胶板拆卸重新安装，确保其中电泳缓冲液不渗漏；然后在电泳槽中加入1×TBE电泳缓冲液，液面高度为电泳槽高度的1/3～1/2。

5. 加样

25μL双酶切产物与5μL加样缓冲液充分混合，用微量移液器小心快速地加入到上样孔中。

6. 电泳

接通电源（通常以 1～8V/cm 的电压进行电泳），电泳至标准参照染料迁移至所需位置，切断电源，拔出导线，弃去槽内的电泳缓冲液。

7. 取胶

卸下玻璃板，用专用取胶板小心撬去上面的玻璃板，检查凝胶是否完好地附在下面的玻璃板上，将上面的玻璃平稳地拿开，小心剥离并取出凝胶。

8. 染色

1）银染：将凝胶放入装有超纯水的瓷盘中，用超纯水漂洗 2 次；转入染色液中，避光摇床银染 10min，用超纯水清洗 1min，重复清洗一次；转入显色液中，看到条带后立即终止显影，用固定液固定后观察。

2）荧光染料：采用蒸馏水稀释 GeneGreen 核酸染料，使其终浓度为 1×，将凝胶浸泡在此溶液中，染色 20～30min，然后在紫外透视仪或蓝光观察仪上观察、拍照并保存。

## 【注意事项】

1）Acr 和 Bis 是神经性毒剂，可经皮肤吸收并具有累积性，操作时必须戴手套和口罩，同时应小心处理。

2）由于核酸 PAGE 通常采用连续系统，没有浓缩阶段，且采用灵敏度高的银染，因此核酸样品体积或含量不能过大，电泳及染色的所有器具和溶液严禁与自来水接触。

3）由于银染灵敏度较高，5μL pBR322/*Msp* Ⅰ Marker 中的 DNA 含量相对较高，因此可吸取 1μL Marker、4μL 水与 1μL 加样缓冲液充分混合后再加样。

4）凝胶以 1×TBE 缓冲液并以低电压 1～8V/cm 电泳，同时凝胶应尽可能薄，以防电泳时产热过大，引起 DNA 变形，导致出现弯曲 DNA 区带。

## 【实验作业】

1）聚丙烯酰胺凝胶电泳分离生物大分子的基本原理是什么？

2）聚丙烯酰胺凝胶电泳和琼脂糖凝胶电泳各自的优缺点有哪些？

3）观察电泳结果，记录自己ABO血型的基因型。

# 6
# 第六章　人类遗传学实验

## 实验一　人手部皮纹观察与记录

### 【实验目的】

1. 熟悉手部皮纹的皮肤纹理特点。
2. 掌握皮纹分析中所采用的指标及意义。

### 【实验原理】

人类皮纹是受多基因控制的遗传性状，在遗传因素和环境因素的相互作用下，具有高度的稳定性与特异性。研究表明，遗传病患者的皮纹类型及其频率会有异常，可作为疾病诊断的一种辅助手段，优点是简便、快速、经济，对患者无损伤，可在临床表现未出现前进行分析；缺点是正常人也会出现异常皮纹，确诊遗传病必须综合应用其他检查手段，如细胞染色体检查，才能得出正确结论。

指纹是指手指端纹理，依指端外侧三叉的有无、数目分为三种类型，所谓三叉是指皮纹中有三组不同走向的嵴纹汇聚在一处呈“y”或“人”字形者（图 6-1，图 6-2）。①弓形纹（A）：特点是无三叉，由平等的弓形嵴纹从一侧走向另一侧，中间隆起呈弓形，包括弧形纹和帐形纹。②箕形纹（L）：嵴纹从一侧发出后向上弯曲，又转回发生的一侧，形似簸箕状；若其口朝向手的尺侧称为尺箕（Lu）或正箕，箕口朝向手的桡侧称为桡箕（Lr）或反箕；特点是箕头的侧下方有一个三叉。③斗形纹（W）：特点是有两个或两个以上三叉，包括环形纹、螺形纹、囊形纹等。嵴纹计数：从箕形纹或斗形纹的中心点到三叉画一直线，计数这条直线跨过的嵴纹数目，称为嵴纹计数（图 6-3）。弓形纹无三叉，其嵴纹数为 0，箕形纹有一个三叉，故有一个嵴纹数，斗形纹有两个三叉，故有两个嵴纹数，取两个中较大的为准，将十指嵴纹数相加，即为总指嵴纹数（TFRC）。

图 6-1　四种形式的三叉点

图 6-2　正常人的指纹类型

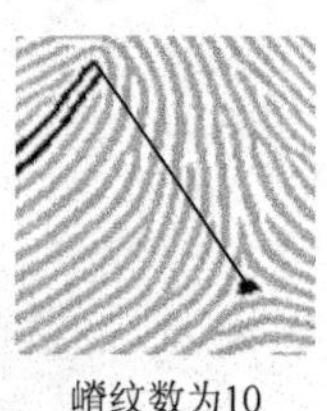


图 6-3　嵴纹计数

手掌中的皮纹称为掌纹（图 6-4），掌纹中的三叉点有：①从食指到小指的指根部间的指间区存在四个三叉点，分别称为掌指三叉 a、b、c、d；②在掌下方，手掌基部正中部位附近，有一个三叉点，称为三叉点 t。掌纹中常用褶线（纹）有：①指褶线。②掌褶线：Ⅰ. 大鱼际纵褶线；Ⅱ. 近侧横褶线；Ⅲ. 远侧横褶线；Ⅰ

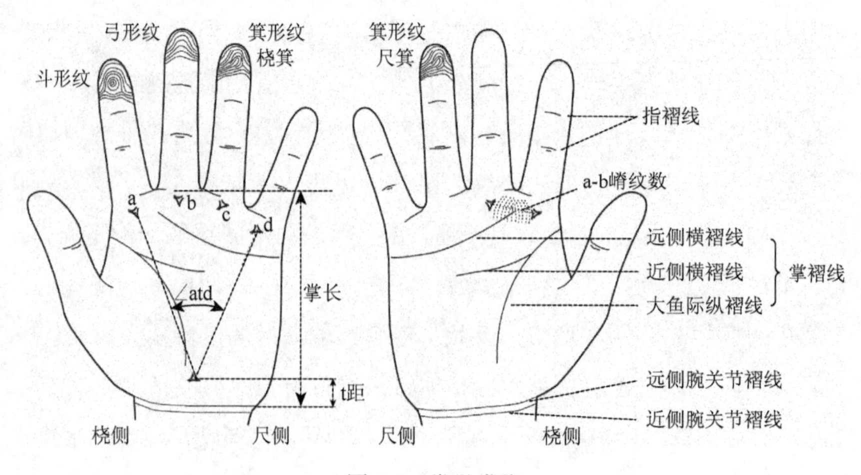


图 6-4　常见掌纹

和Ⅱ在桡侧相连，与Ⅲ分开。③腕关节褶线。依据这些特征可获得的数据指标如下。①a-b 嵴线数（a-b RC）：在指三叉 a 和 b 之间连一条线，计算直线经过处的嵴纹数（不计起止点嵴纹），将左右手 a-b 嵴纹数加起来。②atd 角（∠atd）：从三叉点 t 引两直线连接于指部三叉点（a 和 d）所形成的夹角即∠atd。③t 距百分比（tPD）：Ⅰ. t 距，t 三叉至远侧腕关节褶纹的距离；Ⅱ. 手掌长度，中指掌面基部褶线至远侧腕关节褶线间的垂直距离；Ⅲ. t 距百分比，t 距占手掌长度的百分比。

## 【实验材料】

受试学生及其父母、兄弟姐妹。

## 【实验准备】

白纸、红印泥、米尺、量角器等。

## 【实验步骤】

### 一、记录指纹方法

#### 1. 肉眼观察

可借助放大镜，用肉眼直接观察自己的指纹类型，找出箕形纹与斗形纹的三叉点位置。对着直射光线，转动手指，以便从不同方向观察。

#### 2. 指纹鉴别（图 6-5）

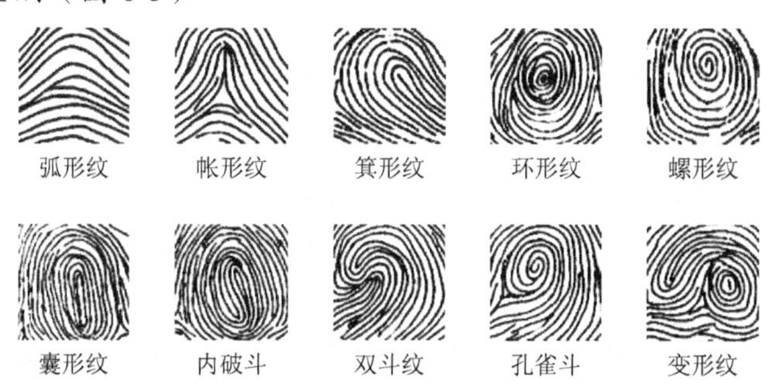


图 6-5　指纹鉴别

三叉点等于 0，为弓形纹；三叉点等于 1，为箕形纹，其中开口朝向拇指方向为反箕，开口朝向小指方向为正箕；三叉点大于等于 2，为斗形纹。

3. 油印法

1）将双手洗净并擦干，然后将一只手涂上适量的印油，过多则不能显示清晰的皮纹。

2）按指纹时，一定要把有三叉点的位置印出，所以手指应先以指甲与白纸垂直的方式落在白纸上，再转动手指，从这一侧滚至对侧，得到完整的指纹。

3）依次印出食指、中指、无名指、小指的指纹，依此方式在白纸上分别印出左右手 5 个手指的完整指纹，排列顺序与五指顺序相同。

4）在每一指纹旁，标注指纹类型，在有三叉点的指纹图中，画出从指纹中心点至三叉点的连接直线，数出直线经过处的嵴纹数目。

## 二、印制掌纹方法

1）可借助放大镜观察自己手掌三叉点的位置，确定 a、b、c、d、t 5 个位点。

2）将双手洗净，然后将一只手涂上适量的印油，过多则不能显示清晰的皮纹，五指分开，将左手掌纹按在白纸的左侧中上方，按时手指与掌部用力要均匀，不能晃动，以免造成图像深浅不清或纹理重叠。

3）由于三叉点 t 的位置比较低，要注意把掌基部的手纹印出来，可将指部逐渐抬起，最后让掌基部离开白纸，以同样的方式在白纸的右侧中上方印制右手掌纹。

## 三、指纹数据记录

1）按表 6-1 的要求记录和汇总相关数据，用 A、Lu、Lr、W 分别表示弓形纹、正箕纹、反箕纹和斗形纹。

2）双斗（有两个中心点）嵴纹计数：从一个三叉点到其靠近的中心点画一直线，计数与此直线交叉的嵴纹数，同样以较多一侧为准。

**表 6-1　指纹分析结果**

| 左手 | 弓形纹 | 箕形纹 | 斗形纹 | 嵴纹数 | 右手 | 弓形纹 | 箕形纹 | 斗形纹 | 嵴纹数 |
|---|---|---|---|---|---|---|---|---|---|
| 拇指 | | | | | 拇指 | | | | |
| 食指 | | | | | 食指 | | | | |
| 中指 | | | | | 中指 | | | | |
| 环指 | | | | | 环指 | | | | |
| 小指 | | | | | 小指 | | | | |

## 四、掌纹数据记录

1）找出掌纹中的 a、b、c、d、t 三叉点，作 ab、at、ad 三条直线，统计出 ab 直线经过处的嵴纹数；用量角器测出 atd 的角度，注在掌纹图旁；找出掌纹中的中指根部褶线（X）和远侧腕关节褶纹（Y），测量 XY 和 tY 的长度，并计算出 tPD 值，注在掌纹图旁。

2）按表 6-2 的要求汇总每个人的 a-b 嵴线数、∠atd 和 tPD 测量数据。

**表 6-2　掌纹数据**

| 个人 | a-b 嵴纹 | | ∠atd | | tPD | |
|---|---|---|---|---|---|---|
| | 左手 | 右手 | 左手 | 右手 | 左手 | 右手 |
| 1 | | | | | | |
| …… | | | | | | |
| $n$ | | | | | | |

## 【实验作业】

1）按表 6-1 和表 6-2 的要求统计自己的皮纹类型及相关数据。

2）按表 6-3 汇总数据，检验两性之间各种皮纹数据差异是否显著。

**表 6-3　人群中的皮纹统计表**

| 性别 | 弓形纹数 | 箕形纹数 | 斗形纹数 | 左手嵴纹数 | 右手嵴纹数 | 总嵴纹数 | a-b 嵴纹数 | ∠atd |
|---|---|---|---|---|---|---|---|---|
| 男 | | | | | | | | |
| 女 | | | | | | | | |

3）课外查阅疾病患者的皮纹异常变化相关文献，将相关数据整理在实验报告讨论部分。

# 实验二　人类遗传性状调查与分析

## 【实验目的】

1. 熟悉人类常见遗传性状。
2. 掌握遗传系谱绘制与分析方法。
3. 学习遗传方式的估算方法——Penrose 法。

## 【实验原理】

人类有些性状会呈现出相对性，如双眼皮与单眼皮、有耳垂与无耳垂、卷发与直发等。这些相对性状受到遗传基因的控制，有的表现出单基因遗传规律，其遗传方式符合孟德尔遗传定律；有的表现出多基因遗传规律，受多对基因控制及环境因素的影响。通过对这些性状的调查，分析其遗传方式，测定其分布频率，掌握其传递规律。系谱分析是遗传检测常用的方法，首先应调查家族各成员性状表现型，再以特定的符号与格式绘制遗传系谱图，以此显示各成员的相互关系和发生情况，然后根据孟德尔遗传定律分析其遗传方式，如单基因遗传、多基因遗传，若是单基因遗传，可进一步分析：常染色体显性遗传、常染色体隐性遗传、伴 X 染色体显性遗传、伴 X 染色体隐性遗传、伴 Y 染色体遗传。人类常见遗传性状：①耳垢（也称耵聍），即外耳道耵聍腺的正常油脂性分泌物，一部分人为湿耳垢（D），另一部分人为干耳垢（R）。②食环指长，环指俗称无名指，一部分人为环指长型（D），环指指尖长于食指指尖；反之，另一部分人为食指长型（R）。③耳垂，一部分人有耳垂（D），即耳轮与头连接处向上凹陷，另一部分人无耳垂（R），即耳轮一直向下延续到头部。④卷舌，一部分人能把舌两侧边抬高卷成“U”字形（D）；另一部分人却不能卷舌（R）。⑤眼睑，俗称眼皮，一部分人自然双眼皮（D），另一部分人自然单眼皮（R）。Penrose 法估算遗传方式：将性状实际相对频率与不同遗传方式的期望频率进行比较，从而判断其遗传方式。若 R 性状在同胞中所占比率为 $s$，一般人群 R 性状所占比率为 $q$，则 $s/q$ 称为相对频率。当 $s/q$ 接近 $1/2q$ 时，为常染色体显性遗传，接近 $1/4q$ 时，为常染色体隐性遗传，接近 $1/q^{1/2}$ 时，为多基因遗传。

## 【实验材料】

受试学生家庭。

## 【实验步骤】

### 一、数据调查

调查耳垢、食环指长、耳垂、卷舌、眼睑性状在各自家庭的分布情况，祖辈包括祖父母、外祖父母；父辈包括父母、伯叔姑、姨舅；子辈包括自己、兄弟、姐妹。数据记录如表 6-4 所示。

**表 6-4　个人性状调查表**

| 对象 | 性别 | 耳垢 | 食环指长 | 耳垂 | 卷舌 | 眼睑 |
|---|---|---|---|---|---|---|
| 祖辈 | | | | | | |
| 父辈 | | | | | | |
| 子辈 | | | | | | |

### 二、系谱图分析

1）分别用“□”表示男性 D 性状；“○”表示女性 D 性状；“■”表示男性 R 性状；“●”表示女性 R 性状。

2）用Ⅰ、Ⅱ、Ⅲ表示世代，绘制各自家庭系谱图，根据系谱图分析表 6-4 所列性状的可能遗传方式。

### 三、遗传方式估算

R 性状分布调查统计（表 6-5）：设调查总人数为 $N$，表现 R 性状人数 $N_1$，父辈中表现出 R 性状的家庭中同胞人数 $N_2$ 以及这些家庭中表现 R 性状人数 $N_3$，同胞包括自己、兄弟与姐妹。

**表 6-5　R 性状分布调查统计表**

| 性状 | $N$ | $N_1$ | $q=N_1/N$ | $N_2$ | $N_3$ | $s=N_3/N_2$ |
|---|---|---|---|---|---|---|
| 耳垢 | | | | | | |
| 食环指长 | | | | | | |
| 耳垂 | | | | | | |
| 卷舌 | | | | | | |
| 眼睑 | | | | | | |

## 【注意事项】

1）本实验所调查的遗传性状都为人类常见性状，它们不是遗传病表征。

2）在用 Penrose 法估算时，由于目前独生子女较多，因此可采用父辈同胞数据分析。

## 【实验作业】

1）绘制上述性状系谱图，分析其可能的遗传方式。

2）根据 Penrose 法公式，估算表 6-6 中性状的遗传方式。

**表 6-6　多基因分析结果**

| | 频率 | | 观察值 | 预期值 | | |
|---|---|---|---|---|---|---|
| | 一般群体发生率（$q$） | 同胞发生率（$s$） | $s/q$ | 显性（$1/2q$） | 隐性（$1/4q$） | 多基因（$1/\sqrt{q}$） |
| 耳垢 | | | | | | |
| 食环指长 | | | | | | |
| 耳垂 | | | | | | |
| 卷舌 | | | | | | |
| 眼睑 | | | | | | |

3）课外查阅哪些疾病为单基因遗传病，哪些为多基因遗传病？相关结果整理在实验报告讨论部分。

# 实验三　巴氏小体制片与检测

## 【实验目的】

1. 理解并掌握表观遗传概念。
2. 掌握制备人类巴氏小体的方法。
3. 正确识别巴氏小体的形态特征及所在部位。

## 【实验原理】

表观遗传是指通过有丝分裂或减数分裂传递非 DNA 序列信息的现象。表观遗传学是研究不涉及 DNA 序列改变的基因表达和调控的可遗传变化的一门新兴遗传学分支。巴氏小体又称 X 小体或 X 染色质，是女性（包括其他雌性哺乳动物）细胞分裂间期核内的一种特有染色质。X 染色质位于核膜边缘（图 6-6），一般呈三角形、半圆形或扁平形等，为异固缩小体，其数目总是比 X 染色体的数目少 1，若有三条 X 染色体，就会有两个 X 染色质，以此类推。正常男性只有一条 X 染色体，所以没有 X 染色质。X 染色质可被多种染料显示，是确定性发育异常的一种简单方法。莱昂假说：①雌性哺乳动物体细胞内仅有一条 X 染色体是有活性的，另一条在遗传上是失活的，在间期细胞核中螺旋化而呈异固缩状态。②X 染色体失活是随机的，异固缩的 X 染色体可来自父方或来自母方，但一旦来自父方或母方的 X 染色体失活，则其子代细胞中失活的 X 染色体都是父方或母方的，因此失活既是随机的，又是恒定的。③X 染色体失活发生在胚胎早期，在此以前的所有细胞中的 X 染色体都是有活性的。由于雌性细胞中的两个 X 染色体中的一个发生异固缩，失去活性，这样保证了雌雄两性细胞中都只有一条 X 染色体保持转录活性，使两性 X 连锁基因产物的量保持在相同水平上，这种效应称为 X 染色体的剂量补偿。需要注意的是，失活的 X 染色体上基因并非都 100%失去了活性，有一部分基因仍保持一定活性，因此 X 染色体数目异常的个体在表型上会有别于正常个体，出现多种异常的临床症状。

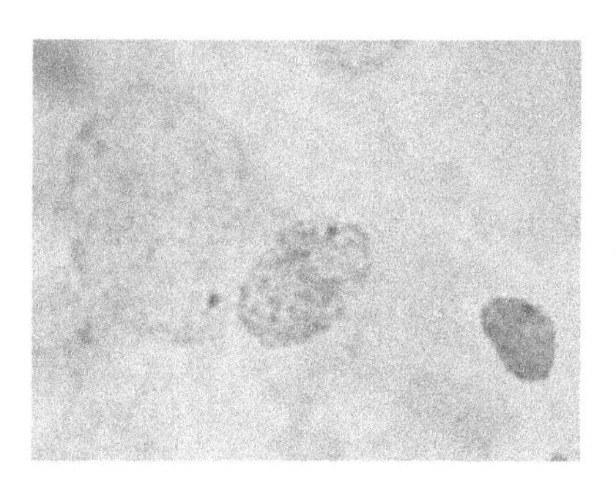
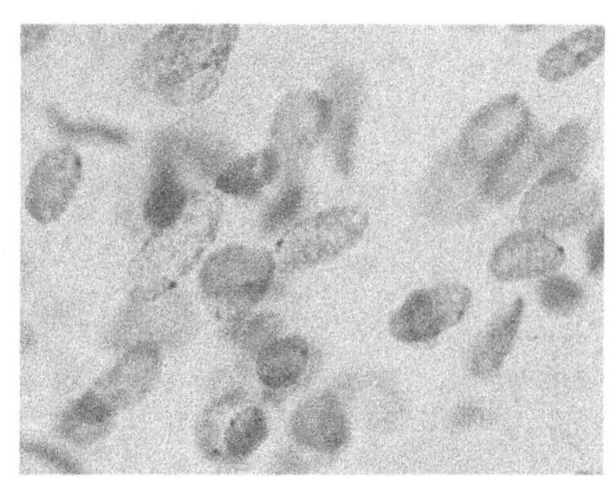

图 6-6　巴氏小体

## 【实验材料】

1. 带毛囊的头发。
2. 口腔颊部黏膜细胞。

## 【实验准备】

1. 器具

显微镜、载玻片、盖玻片、培养皿、冰箱等。

2. 试剂

0.9%生理盐水、卡诺氏固定液、5mol/L HCl、0.075mol/L KCl 低渗液、改良苯酚品红染色液等。0.075mol/L KCl 低渗液：称取 0.56g KCl，定容至 100mL。

## 【实验步骤】

### 一、口腔黏膜细胞

1. 取材

1）漱口去除口腔杂物，用牙签刮取口腔内侧面黏膜上皮，弃去第 1 次刮取物。

2）将第 2 或 3 次刮取物置入装有 1mL 0.9%生理盐水的离心管内，剪去多余牙签后盖紧管盖，剧烈振荡后弃去牙签。

### 2. 标本制作

1）3000*g* 离心 10min，弃上清液，收集沉淀，加入 1mL 0.075mol/L KCl 低渗液，37℃低渗 15min，加入 200μL 卡诺氏固定液后混匀。

2）3000*g* 离心 10min，弃上清液，收集沉淀，加入 1mL 卡诺氏固定液，混匀成悬液，固定 15min。

3）3000*g* 离心 10min，弃上清液，收集沉淀，加入 100μL 固定液，充分混匀成悬液，将悬液滴至载玻片上，室温晾干。

### 3. 酸解

将载玻片插入染缸中，用 5mol/L HCl 酸解 10～15min，轻轻取出，用清水轻轻冲洗干净，吸干水分。

### 4. 染色

改良苯酚品红染色 5～10min，用清水轻轻冲洗干净，吸干水分后镜检。

## 二、发根毛囊细胞

### 1. 取材

拔取带有毛囊的头发（为白色物质），置于载玻片上。

### 2. 酸解

去除毛干，滴加 5mol/L 盐酸于毛囊，处理 10～15min，吸去盐酸。

### 3. 染色

改良苯酚品红染色 5～10min，加盖玻片，压片同第三章实验一。

## 三、显微镜检

1）首先在低倍镜下选择清楚而分散的细胞，移至视野中央，再换高倍镜仔细观察。在高倍镜下选择细胞核较大、染色清晰、轮廓清楚、核膜清晰、无缺损、染色适度、周围无杂质、核质呈均匀细网状或颗粒状的细胞 100 个，计数巴氏小体出现率。

2）巴氏小体应位于细胞核膜边缘，轮廓清晰，呈圆形、三角形或卵圆形，颜色深染，直径 1～1.5μm。由于细胞核呈立体状态，观察的方位不对时也看不见。女性涂片至少 15%的细胞含巴氏小体，一般不超过 35%。而来自男性的样本涂片应呈阴性，出现率低于 2%。

## 【注意事项】

1）刮时注意避免划破口腔，染色时间不要太长，否则核质着色深，巴氏小体不易区分。

2）盐酸水解是比较关键的，它可水解细胞核中的 RNA，如 RNA 小体，水解不足则这些小体可被染液染色，过度的水解则会破坏性染色质。

## 【实验作业】

1）分别观察男女各 100 个可数细胞，计算巴氏小体所占百分比。

2）观察中选绘 4～5 个典型细胞，拍摄巴氏小体的形态和部位。

# 7

# 第七章　数量遗传学实验

## 实验一　人类身高遗传力调查

### 【实验目的】

1. 熟悉数量遗传学的原理与特点。
2. 学习估算人类身高遗传力的方法——回归法。

### 【实验原理】

在单基因遗传中，基因型和表型之间的相互关系比较直截了当，这一性状的变异在群体中的分布往往是不连续的，所以单基因遗传的性状也称为质量性状。与质量性状的分布不同，多基因遗传性状的变异在群体中的分布是连续的，只有一个峰，即平均值。不同个体间的差异只是量的变异，邻近的两个个体间的差异很小，因此这类性状又称为数量性状，如人的身高、智商、血压等。如果随机调查任何一个群体的身高，则极矮和极高的个体只占少数，大部分个体接近平均身高，而且呈现由矮向高逐渐过渡的状态，将此身高变异分布绘成曲线，这种变异呈正态分布。人的身高除受遗传因素影响外，还受到各种环境因素的影响，如营养好坏、阳光充足与否、是否进行体育锻炼等。对于一个数量性状而言，每一个个体控制的基因数量是相同的，但各型基因的比例是不同的，造成性状的差异性。1926 年，英国科学家 Galton 提出了“平均值的回归”理论：如果双亲身高平均值高于群体平均值，子女平均值就低于其双亲平均值，但接近群体身高平均值；如果双亲身高平均值低于群体平均值，则子女身高高于其双亲平均值，但接近群体身高平均值。这就是说，数量性状在遗传过程中子代将向人群的平均值靠拢，这就是回归现象，这种现象也表现于其他相似的数量性状，因此在遗传分析中，相关系数或回归系数可被用于表示亲代与子代间的相似程度，即利用亲代与子代间的关系，可估算出狭义遗传力（$h_n^2$）。

## 【实验材料】

大学青年男女及其父母。

## 【实验步骤】

### 一、数据调查与记录

1）调查大学青年男女及其父母的身高。

2）将所得数据按表 7-1 进行记录，中亲身高为父母平均身高。

**表 7-1　身高数据调查表**

| 编号 | 父亲 | 母亲 | 中亲 | 儿子 | 女儿 |
|---|---|---|---|---|---|
| 1 | | | | | |
| 2 | | | | | |
| …… | | | | | |
| $n$ | | | | | |

### 二、人体身高遗传力的估计

1）$Y$ 表示子代（男和女）身高，$X$ 表示父母身高，按表 7-2 方式构建直线回归方程。

**表 7-2　亲代—子代身高回归系数计算表**

| 组别 | 例数（$n$） | 回归方程 | 回归系数（$b$） | 标准误（$s_b$） | 相关系数（$r$） | $P$ 值 |
|---|---|---|---|---|---|---|
| 中亲—子代 | | | | | | |
| 父—子代 | | | | | | |

续表

| 组别 | 例数（$n$） | 回归方程 | 回归系数（$b$） | 标准误（$s_b$） | 相关系数（$r$） | $P$ 值 |
|---|---|---|---|---|---|---|
| 母—子代 | | | | | | |
| 父—儿子 | | | | | | |
| 母—儿子 | | | | | | |
| 父—女儿 | | | | | | |
| 母—女儿 | | | | | | |

2）中亲—子代的遗传力 $h^2 = b$；父—子代和母—子代的遗传力 $h^2 = 2b$。

## 【实验作业】

1）详细记录实验过程中所获得的数据，采用 Shapiro-Wilk 检验（W 检验）分析数据是否符合正态分布。

2）按照相关公式估算人身高的遗传力，从儿子、女儿分别与父、母的相关系数可以得到什么结论？

# 实验二　人类皮纹遗传力分析

## 【实验目的】

1. 熟悉多基因遗传病的特点。
2. 学习估算多基因遗传力的计算方法——Falconer 阈值模型。

## 【实验原理】

多基因遗传是多个微效基因累加效应的结果，由多基因遗传所影响的疾病称为多基因遗传病，在多基因遗传病中，遗传基础是由多基因构成的，而这些微效基因的数量是可变的，它部分决定了个体发病的可能性，也称为易感性，由遗传因素和环境因素共同决定一个个体患病的风险称为易患性，群体中的易患性变异呈正态分布。当一个个体的易患性高到一定限度就可能发病，这种由易患性所导致的多基因遗传病发病最低限度称为发病阈值。这样，阈值将连续分布的易患性变异分为正常群体和患病群体。在一定条件下，阈值实质上反映了某种环境条件下患病所必需的致病基因最低数量，只要具备足够多的致病基因累加就可能会发病（图 7-1）。一个个体的易患性高低无法测量，但一个群体的易患性平均值可以从该群体的患病率中做出估计。可由患病率估计群体的发病阈值与易患性平均值之间的距离，当群体易患性平均值与阈值相距越近时，表明该群体的易患性平均值越高，阈值越低，发病率越高；反之，二者相距越远，表明该群体的易患性平均值越低，阈值越高，群体发病率越低。可采用 Falconer 易患性-阈值模型计算其遗传力，Falconer 主要是根据先证者亲属的患病率与遗传力相关性而建立的。通过调查先证者一级亲属患病率和一般人群的患病率，算出狭义遗传力（$h_n^2$），如图 7-2 所示。其中 $G$ 表示一般群体的易患性平均值；$R$ 表示先证者亲属的易患性平均值；$T$ 表示阈值；$A$ 表示一般群体中患者的易患性平均值。先证者是指在对某个遗传性状进行家系调查时，其家系中第一个被确诊的那个人，在遗传病的家系调查中最初在医院受到检查的患者就是先证者，一般每一家系中有一个人是先证者，但在检查某一地区内全体人员的时候，则所有患者都是先证者。

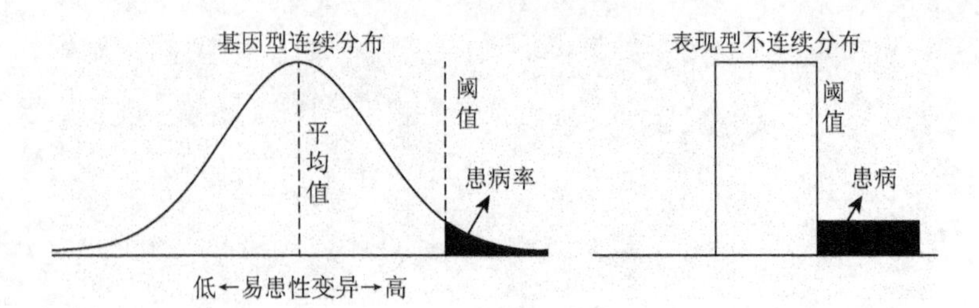


图 7-1　多基因遗传病

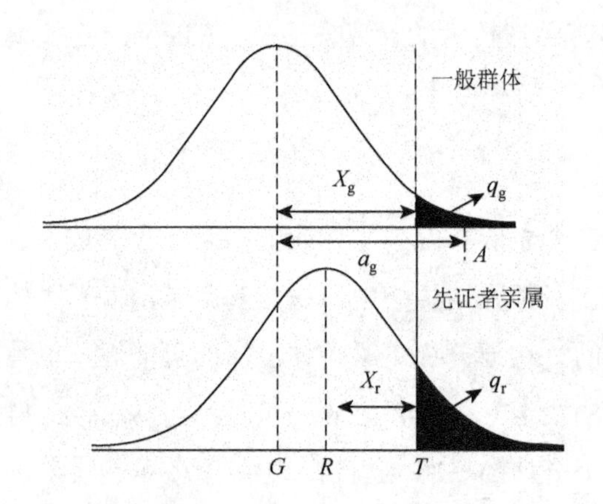


图 7-2　不同群体的平均值与阈值

## 【实验材料】

受试学生及其父母、兄弟姐妹。

## 【实验步骤】

### 一、Falconer 公式和回归系数计算

1. Falconer 公式

$$遗传力\ h^2 = b \div R$$

式中，$b$ 为回归系数；$R$ 为亲缘系数（表 7-3），$R = 0.5$（一级亲属），其中全同胞是指由同父同母所生的子女，半同胞是指由同父异母或异父同母所生的子女。

表 7-3　亲缘系数（$R$）

| 亲缘关系 | 亲子 | 全同胞 | 半同胞 | 爷孙 | 叔侄 | 堂表亲 | 从堂表亲 |
|---|---|---|---|---|---|---|---|
| 级别 | 一级亲 | 一级亲 | 二级亲 | 二级亲 | 二级亲 | 三级亲 | 五级亲 |
| 亲缘系数 | 1/2 | 1/2 | 1/4 | 1/4 | 1/4 | 1/8 | 1/32 |

2. 回归系数计算

1）当已知一般人群的患病率时，

$$b=(X_g-X_r)\div a_g$$

式中，$X_g$ 和 $a_g$ 由一般群体发生率（$q_g$）查 Falconer 表（附录一）得到；$X_r$ 由先证者亲属发生率（$q_r$）查 Falconer 表得到。

2）当缺乏一般人群的患病率时，可设立对照组，调查对照组亲属的患病率，用下式计算回归系数 $b$。

$$b=p_c\times(X_c-X_r)\div a_c$$

式中，$X_c$ 和 $a_c$ 由对照亲属患病率（$q_c$）查 Falconer 表得到；$p_c=1-q_c$；$X_r$ 由先证者亲属患病率（$q_r$）查 Falconer 表得到。

## 二、数据调查与记录

1. 斗形纹数据调查

将全部子女一只手指端均是斗形纹（W）的出现率统计为一般群体发生率（$q_g$），假设将家庭中第一个子女一只手五指均为 W 的作为“先证者”，计算其父母和同胞的一只手指端全为 W 的发生率（$q_r$），即为一级亲属的发生率，如表 7-4 所示。

表 7-4　斗形纹调查表

| 亲属关系 | | 总人数（$N$） | 均为 W 人数（$A$） | 发生率（$q$） | $X$ | $a$ |
|---|---|---|---|---|---|---|
| 一般群体 | 全部子女 | | | | | |
| “先证者”一级亲属 | 父母 | | | | | |
| | 全同胞 | | | | | |

2. 箕形纹数据调查

假设某一家庭中一只手五指均为箕形纹（L）的子女为“先证者”，设为实验组，无此情形的子女群体设为对照组；分别调查其一级亲属总人数及其一只手五指均为L的人数，如表7-5所示。

**表7-5 箕形纹调查表**

| 组别 | 总人数（$N$） | 观察人数（$A$） | 发生率（$q$） | $p$ | $X$ | $a$ |
|---|---|---|---|---|---|---|
| 对照组 | | | | | | |
| 实验组 | | | | | | |

## 【注意事项】

指纹数据调查与分析只是模拟多基因遗传病调查与分析，不要认为它们是遗传病表征。

## 【实验作业】

根据Falconer公式与Falconer表（附录一）分别估算手指端均为W或均为L的遗传力。

# 实验三　果蝇刚毛遗传力计算

## 【实验目的】

1. 熟悉数量遗传学的原理与特点。
2. 掌握估算果蝇刚毛遗传力的方法——选择法。

## 【实验原理】

数量性状是呈连续分布、表型受环境影响大的性状，这类性状的可遗传性可以通过遗传力的计算获得。黑腹果蝇的第四腹板和第五腹板上的小刚毛数就是典型的数量性状（图 7-3），不同个体的小刚毛数不同。通过对第四腹板和第五腹板上的小刚毛数的研究，可以了解数量性状的特点，并以此为研究对象掌握计算遗传力的方法。

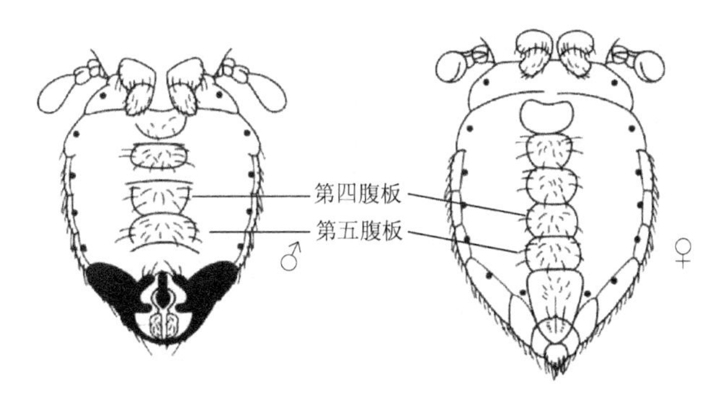


图 7-3　果蝇腹部腹板

通过收集到的野生果蝇或在室内经过连续多代杂交的果蝇，观察果蝇亲本与子代间小刚毛（分布在第四腹板和第五腹板，图 7-3）数量的差异，采用选择法估算出小刚毛的遗传力。采用选择法估算小刚毛的遗传力，要求起始的变异在物种中的表现必须是正态分布的，有效的变异必须是可度量和可检测的，因此在群体中有必要对小刚毛性状进行选择，选出一定比例的最上方（或最下方）个体，把这些个体选入进行个体繁育，产生下一代。下一代的群体平均值一般向亲本群体平均值方向移动，移动的范围跟亲代的相加遗传方差成正比。现设亲代的某种性状群体的平均值为 $X_P$，选出的亲本的平均值为 $X_S$，则 $X_S-X_P=S$，表示所加的选择强度，称为选择差。设次代的群体平均值为 $X_0$，则遗传获得量 $R=X_0-X_P$，其遗传力为：$h_n^2=R\div S$（图 7-4）。

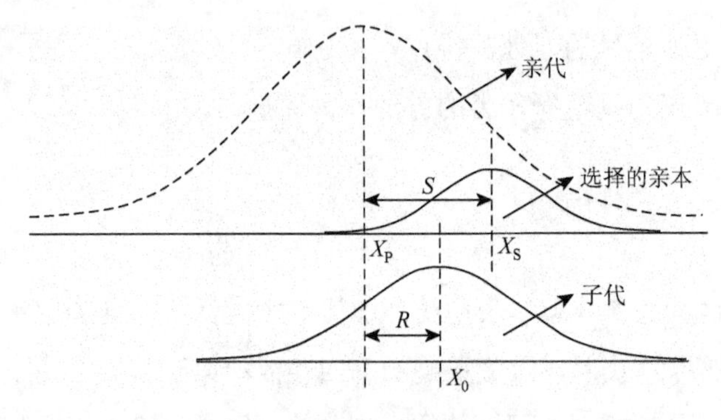


图 7-4　选择差和遗传获得量

## 【实验材料】

果蝇杂交实验所得到的 $F_2$ 代黑腹果蝇。

## 【实验准备】

1. 器具

恒温培养箱、氧气袋、显微镜、放大镜、麻醉瓶等。

2. 试剂

$CO_2$、乙醚、玉米粉、酵母粉、丙酸、琼脂等。

## 【实验步骤】

### 一、果蝇刚毛数量统计

1）取果蝇杂交实验所得到的 $F_2$ 代果蝇，每 4～5 位同学为 1 组，每组同学须调查雌雄果蝇各 100 只左右。

2）将 $F_2$ 代果蝇轻度麻醉，分批次逐一在显微镜下观察雌雄以及腹部的小刚毛，雌性统计倒数第二、第三腹板上的小刚毛数，雄性统计倒数第一、第二腹板上的小刚毛数。

3）取一无菌 7mL 离心管，剪去管盖，将检查好的果蝇转移至离心管中，每管一只，用小棉球塞好，贴上标签，并标明性别、合计小刚毛数，最终的数据整理如表 7-6 所示。

**表 7-6　亲代果蝇小刚毛数**

| 亲代 | 编号 | | | |
|---|---|---|---|---|
| | 1 | 2 | …… | *n* |
| ♀ | | | | |
| ♂ | | | | |

4）采用 W 检验分析所得数据是否符合正态分布（分析时雌雄数据合并），若不符合则继续调查，直至所得数据符合正态分布为止。

5）从每组小刚毛数最多的雌蝇与雄蝇中分别各选出 10 只；同样，也分别取出最少的 10 对，最终将全班数据汇总，仍需采用 W 检验分析数据是否符合正态分布，最终的数据整理如表 7-7 所示。

**表 7-7　被选择亲代果蝇小刚毛数**

| 组别 | 亲代 | 编号 | | | |
|---|---|---|---|---|---|
| | | 1 | 2 | …… | 10 |
| 最多 | ♀ | | | | |
| | ♂ | | | | |
| 最少 | ♀ | | | | |
| | ♂ | | | | |

6）将小刚毛数最多的雌雄果蝇两两配对，小刚毛数最少的雌雄果蝇两两配对，分别转入各自的培养管里（每管 3～4 对），贴上标签（标明性别、小刚毛合计数目与平均值），置于 25℃条件下培养。

7）待 5～7 天后，确实观察到产卵后，放飞亲本果蝇，这样便完成了刚毛数多的一代选择与刚毛数少的一代选择。待 $F_1$ 代羽化后，按步骤 1～4 的方法，统计与分析小刚毛数，最终的数据整理如表 7-8 所示。

**表 7-8　子代果蝇小刚毛数**

| 组别 | 亲代 | 编号 | | | |
|---|---|---|---|---|---|
| | | 1 | 2 | …… | $n$ |
| 最多 | ♀ | | | | |
| | ♂ | | | | |
| 最少 | ♀ | | | | |
| | ♂ | | | | |

## 二、实验结果数据分析

1）按表 7-9 和表 7-10 所示分别计算出亲代与子代的平均值。

**表 7-9　向多方向小刚毛数据分析**

| 组合 | 雌性平均值 | 雄性平均值 | 总体平均值 |
|---|---|---|---|
| 亲代 | | | $X_P$ |
| 被选择的亲本 | | | $X_S$ |
| 子代 | | | $X_0$ |

**表 7-10　向少方向小刚毛数据分析**

| 组合 | 雌性平均值 | 雄性平均值 | 总体平均值 |
|---|---|---|---|
| 亲代 | | | $X_P$ |
| 被选择的亲本 | | | $X_S$ |
| 子代 | | | $X_0$ |

2）依据表 7-9 和表 7-10 分别计算向多与向少方向的遗传力：$S = X_S - X_P$，$R = X_0 - X_P$，$h_n^2 = R \div S$。

## 【注意事项】

实验材料也可选用野外诱捕的野生果蝇。

## 【实验作业】

1）记录实验过程中所获得的数据。

2）计算黑腹果蝇小刚毛的遗传力及平均值。

# 8 第八章 群体遗传学实验

## 实验一 苯硫脲尝味能力调查

### 【实验目的】

1. 熟悉基因在群体水平上的传递规律。
2. 掌握人类群体遗传调查的基本方法。
3. 掌握哈迪-温伯格定律的检验方法。
4. 掌握赖特氏 $F$-统计量的计算方法。

### 【实验原理】

群体遗传学最早起源于英国数学家哈迪（Hardy）和德国医学家温伯格（Weinberg）于 1908 年提出的遗传平衡定律［哈迪-温伯格定律（HWE）］。HWE 揭示了随机交配群体基因频率和基因型频率的遗传规律，但是这些假设并不总是现实的，偏离平衡的情况时常发生。检验 HWE 的方法主要有：①统计学检验，采用卡方检验分析群体是否处于 HWE 状态；②固定指数（$F$），$F=（H_o-H_e）\div H_e$，$H_o$ 为实际观察杂合度，$H_e$ 为理论期望杂合度。通过 $F$ 值检验群体偏离 HWE 的程度，当 $F=0$ 时，符合 HWE；当 $F<0$ 时，实际杂合度过量；当 $F>0$ 时，实际纯合体过量。当群体偏离 HWE 状态时，群体可能会向不同方向发展，从而产生遗传分化。种群间遗传分化常用赖特氏（Wright's）$F$-统计量（$F_{ST}$）表示：①总群体期望杂合度，$H_{Te}=1-\sum p_i^2$，$p_i$ 为第 $i$ 等位基因的频率；②亚群体平均期望杂合度，$H_{es}=1-\sum p_i^2$，$H_{Se}=(H_{e1}+H_{e2}+\cdots+H_{es})\div s$，$s$ 为群体数；③$F_{ST}=1-(H_{Se}\div H_{Te})$。

当 $F_{ST}<0.05$ 时代表分化较小，当 $0.05<F_{ST}<0.15$ 时代表中等分化，当 $0.15<F_{ST}<0.25$ 时代表高度分化，当 $0.25<F_{ST}<1.00$ 时代表极高度分化。苯硫脲（PTC）是一种人工合成化合物，分子结构由于含有硫代酰胺基团而呈现苦味。不同的人对其溶液的苦味有不同的尝味能力。这种尝味能力是由一对等位基因（Tt）所决定的，其中 T 对 t 为不完全显性。正常尝味者的基因型为 TT，能尝出 1/6 000 000～1/750 000 浓度的 PTC 的苦味；具有 Tt 基因型的人尝味能力较低，只能尝出 1/480 000～1/380 000 浓度溶液的苦味，而基因型为 tt 的人只能尝出 1/24 000 以上浓度的 PTC 的苦味，极个别体甚至连 PTC 的结晶也尝不出。PTC 尝味能力主要受位于 7 号染色体上（7q35-7q36）的苦味味觉感受器基因 *TAS2R38* 的影响，味盲者与尝味者的基因具有三处单核苷酸多态性（SNP），如表 8-1 所示。

**表 8-1　*TAS2R38* 基因 SNP**

| 位点 | 位点变化 | 密码子变化 | 氨基酸变化 |
|---|---|---|---|
| 145 | G—C | GCA—CCA | 丙氨酸—脯氨酸 |
| 785 | T—C | GTT—GCT | 缬氨酸—丙氨酸 |
| 886 | A—G | ATC—GTC | 异亮氨酸—缬氨酸 |

## 【实验材料】

受试学生。

## 【实验准备】

1. 器具

烧杯、锥形瓶、量筒、试剂瓶等，所有用具均经干热灭菌或湿热高压灭菌后，冷却待用。

2. 试剂

PTC 溶液及其不同浓度稀释液：称取 PTC 结晶 1.3g，加灭菌蒸馏水 1000mL，置室温下 1～2 天即可完全溶解。其间应不断摇晃以加快溶解。由此配制的溶液浓度为 1/750mol/L，称为原液，也就是 1 号液。2～14 号溶液均由上一号液按倍比稀释制成，具体配制方法见表 8-2。

**表 8-2　PTC 溶液和基因型**

| 编号 | 配制方法 | 浓度/(mol/L) | 基因型 |
|---|---|---|---|
| 1 | 1.3g PTC + 蒸馏水 1 000mL | 1/750 | tt |
| 2 | 1 号液 100mL + 蒸馏水 100mL | 1/1 500 | tt |
| 3 | 2 号液 100mL + 蒸馏水 100mL | 1/3 000 | tt |
| 4 | 3 号液 100mL + 蒸馏水 100mL | 1/6 000 | tt |
| 5 | 4 号液 100mL + 蒸馏水 100mL | 1/12 000 | tt |
| 6 | 5 号液 100mL + 蒸馏水 100mL | 1/24 000 | tt |
| 7 | 6 号液 100mL + 蒸馏水 100mL | 1/48 000 | Tt |
| 8 | 7 号液 100mL + 蒸馏水 100mL | 1/96 000 | Tt |
| 9 | 8 号液 100mL + 蒸馏水 100mL | 1/192 000 | Tt |
| 10 | 9 号液 100mL + 蒸馏水 100mL | 1/384 000 | Tt |
| 11 | 10 号液 100mL + 蒸馏水 100mL | 1/768 000 | TT |
| 12 | 11 号液 100mL + 蒸馏水 100mL | 1/1 536 000 | TT |
| 13 | 12 号液 100mL + 蒸馏水 100mL | 1/3 072 000 | TT |
| 14 | 13 号液 100mL + 蒸馏水 100mL | 1/6 144 000 | TT |
| 15 | 15 号液为蒸馏水 | | |

## 【实验步骤】

### 一、阈值法

1）受试者坐于椅上，仰头张口，测试者用滴管滴 5～10 滴 14 号液体于受试者舌根处，令其咽下品味，然后用蒸馏水做同样的试验，加样时，测试者应避免受试者看到标签，以免受心理因素的影响。

2）询问受试者能否准确鉴别两种溶液的味道，若不能鉴别或鉴别不准，则依次用 13、12 号液体重复，直至能明确鉴别出 PTC 的苦味为止。

3）当受试者鉴别出某一号液体时，应用此号溶液重复尝味三次，若三次结果一样，结果才可靠，请注意苦就是苦，不要觉得好像有点苦，这是心理暗示。

4）根据受试者最初觉察苦味溶液的编号，查对照表查出相应的基因型，如表 8-3 所示。

**表 8-3　PTC 尝味统计表**

| 溶液编号 | 1 | 2 | 3 | 4 | 5 | 6 | 7 | 8 | 9 | 10 | 11 | 12 | 13 | 14 |
|---|---|---|---|---|---|---|---|---|---|---|---|---|---|---|
| 鉴别人数 | | | | | | | | | | | | | | |
| 基因型 | tt | tt | tt | tt | tt | tt | Tt | Tt | Tt | Tt | TT | TT | TT | TT |

## 二、PCR-RFLP 法

具体方法参考第五章的实验一和实验二。

## 三、数据分析

基因频率计算（表 8-4）。

$$p = (2n_1 + n_2) \div 2N$$

$$q = (2n_3 + n_4) \div 2N = 1 - p$$

**表 8-4　尝味基因频率计算表**

| 班级 | 人数（$N$） | 不同基因型人数 | | | 基因频率 | |
|---|---|---|---|---|---|---|
| | | TT（$n_1$） | Tt（$n_2$） | tt（$n_3$） | T（$p$） | t（$q$） |
| 1 | | | | | | |
| …… | | | | | | |
| $n$ | | | | | | |

## 【注意事项】

1）测定时尽量避免让受试者的猜想及其心理作用影响结果的准确性。

2）根据基因型数据进行卡方检验，其自由度 $df = k(k-1) \div 2$，其中 $k$ 为某一位点等位基因数目。

## 【实验作业】

1）采用卡方（$\chi^2$）检验与固定指数（$F$）分析是否为平衡群体（表 8-4，表 8-5）。

**表 8-5　尝味基因型期望分布表**

| 班级 | 人数（$N$） | 基因频率 | | 基因型期望分布 | | |
|---|---|---|---|---|---|---|
| | | T（$p$） | t（$q$） | TT（$Np^2$） | Tt（$2Npq$） | tt（$Nq^2$） |
| 1 | | | | | | |
| …… | | | | | | |
| $n$ | | | | | | |

2）根据表 8-4 和表 8-5 计算不同班级群体间的遗传分化系数 $F_{ST}$ 值。

3）比较阈值法和 PCR-RFLP 法的测定结果，你认为 PTC 尝味能力完全是由 *TAS2R38* 基因 SNP 所决定的吗？

# 实验二 ABO 血型检测与分析

## 【实验目的】

1. 熟悉遗传多样性的含义与意义。
2. 掌握遗传多样性相关的计算方法。

## 【实验原理】

遗传多样性在广义上是指种内或种间表现在分子、细胞、个体三个水平的遗传变异度，狭义上则主要是指种内不同群体和个体间的遗传多态性程度。遗传多态性本质上是基因或 DNA 的多态性，其标准通常为：若同一群体中，存在两个或多个具有 0.01 以上基因频率的复等位基因时，则称这个群体是多态的，否则为单态。遗传多样性常用参数：①基因一致度（$J$），$J = \sum p_i^2$，$p_i$ 为第 $i$ 等位基因的频率；②基因多样度（$H$），$H = 1-J$；③有效等位基因数（$N_e$），$N_e = 1/J$，越接近实际检测到的等位基因数，表明该等位基因在群体中分布越均匀。群体间的遗传距离也可表示起源于共同祖先的基因进化趋异程度，遗传距离可反映出群体间的遗传分化程度，相似指数则反映群体间的亲缘关系。Nei's 标准距离：相似指数 $I = J_{xy} \div (J_{xx} + J_{yy})^{1/2}$，$J_{xx} = (\sum x_i^2) \div r$，$J_{yy} = (\sum y_i^2) \div r$，$J_{xy} = (\sum x_i y_i) \div r$，$x$、$y$ 分别表示两个不同群体，$r$ 表示基因座位数；遗传距离 $D = -\ln I$。人类血型是人类遗传多态性的标志之一，由于种族的不同和人群的迁移，不同地域、不同种族的血型分布也不尽相同。人的红细胞表面带有抗原物质，称为凝集原。凝集原有很多种类型，最主要的凝集原系统是 ABO 血型，从遗传上来看，ABO 血型是由相应的基因，即位于人类第九号染色体上的 3 个等位基因 $I^A$、$I^B$ 和 $I^O$ 决定的。$I^A$、$I^B$ 基因为共显性，而 $I^O$ 或记为 $i$，对 $I^A$、$I^B$ 为隐性。调查人群中 ABO 血型分布的具体方法有：①采用血清分型调查 ABO 血型分布；②采用基因分型调查 ABO 血型分布。由于 A 型血的基因型为 $I^AI^A$ 和 $I^AI^O$，B 型血的基因型为 $I^BI^B$ 和 $I^BI^O$，因此血清分型获得的数据无法准确估算出基因频率（$I^A$、$I^B$ 和 $I^O$），常用的方法为 Bernstein 估计法。

## 【实验材料】

受试学生。

## 【实验步骤】

### 一、人群中 $I^A$、$I^B$ 和 $I^O$ 的基因频率估算

1. 统计调查对象的血型，并作记录。

2. 采用 Bernstein 估计法计算出 $I^A$、$I^B$ 和 $I^O$ 的基因频率（表 8-6）。

1）$p = 1-(O+B)^{1/2}$，$q = 1-(O+A)^{1/2}$，$r = (O)^{1/2}$；上述公式求得的 $p$、$q$、$r$ 之和不一定恰好等于 1，须校正。

2）令 $D = 1-(p+q+r)$ 为校正值，校正后的基因频率公式及数值应该是：$p_A = p\times(1+D/2)$，$q_B = q\times(1+D/2)$，$r_O = (r+D/2)\times(1+D/2)$ 或 $r_O = 1-p_A-q_B$，按表 8-6 整理数据。

**表 8-6　表型与基因频率统计表**

| 班级 | 数量（$N$） | 不同表型人数 | | | | 基因频率 | | |
|---|---|---|---|---|---|---|---|---|
| | | A | B | O | AB | $I^A$ | $I^B$ | $I^O$ |
| 1 | | | | | | | | |
| …… | | | | | | | | |
| $n$ | | | | | | | | |

### 二、PCR-RFLP 法

具体方法参考第五章实验一和实验三，按表 8-7 整理数据。

表 8-7　基因型与基因频率统计表

| 班级 | 数量（$N$） | 不同基因型人数 | | | | | | 基因频率 | | |
|---|---|---|---|---|---|---|---|---|---|---|
| | | $I^AI^A$ | $I^AI^O$ | $I^BI^B$ | $I^BI^O$ | $I^OI^O$ | $I^AI^B$ | $I^A$ | $I^B$ | $I^O$ |
| 1 | | | | | | | | | | |
| …… | | | | | | | | | | |
| $n$ | | | | | | | | | | |

## 【注意事项】

1）根据表型数据进行卡方检验，由于基因频率数据为间接估算得出的，因此自由度 df = 表型数目–基因数目。

2）根据基因型数据进行卡方检验，由于基因频率数据同样为间接估算得出的，因此自由度 df = $k(k-1)\div 2$，其中 $k$ 为某一位点等位基因数目。

## 【实验作业】

1）采用卡方（$\chi^2$）适合性检验与固定指数（$F$）分析所统计对象是否为平衡群体。

2）按表 8-8 进行遗传多态性分析。

表 8-8　遗传多态性分析

| 班级 | 人数 | $J$ | $H$ | $N_e$ |
|---|---|---|---|---|
| 1 | | | | |
| …… | | | | |
| $n$ | | | | |

3）根据表 8-7 和表 8-8 相关数据计算不同班级群体间的相似指数 $I$ 与遗传距离 $D$。

# 实验三　群体遗传学数据分析

## 【实验目的】

初步掌握群体遗传学实验数据的分析方法。

## 【实验原理】

群体遗传学的数据类型主要包括：①共显性数据（图 8-1），如 ABO 血型基因调查数据；②完全显性数据（图 8-2），如耳垢干湿性状，湿耳垢为完全显性性状，干耳垢为隐性性状；③单倍型数据（图 8-3），是单倍体基因型的简称，是指同一染色体上共同遗传的多个基因座位的组合，如线粒体基因；④DNA 序列数据，单个核苷酸的变异所引起的 DNA 序列多态性（SNP）（表 8-9）。通过这些数据可探讨不同生物群体的遗传结构、种群分化、演化历史等问题。

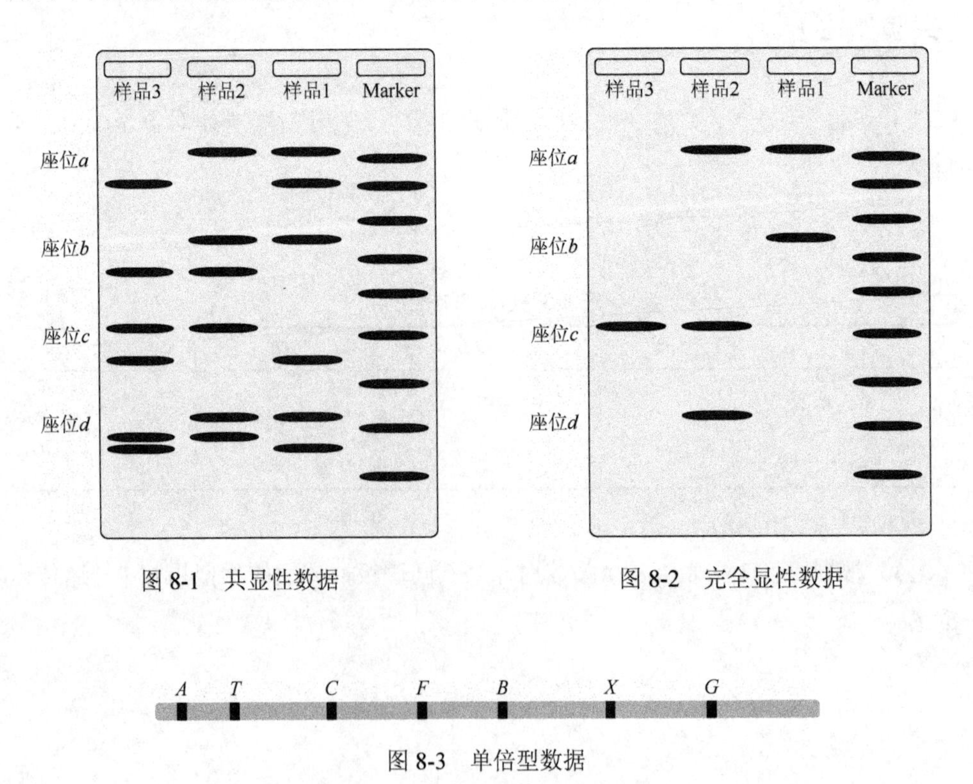


图 8-1　共显性数据

图 8-2　完全显性数据

图 8-3　单倍型数据

表 8-9　SNP 数据

| 类型 | DNA 序列 |
|---|---|
| 序列 1 | TCC[T]CGAT[T]ATTC[C]CAGGGTGC[C]GATG[A]AT |
| 序列 2 | TCC[A]CGAT[T]ATTC[G]CAGGGTGC[C]GATG[A]AT |
| 序列 3 | TCC[A]CGAT[C]ATTC[C]CAGGGTGC[A]GATG[G]AT |
| 序列 4 | TCC[G]CGAT[T]ATTC[T]CAGGGTGC[G]GATG[A]AT |

## 【实验对象】

群体遗传学调查或文献数据。

## 【实验准备】

1. 器具

电脑；相关文具。

2. 软件

Microsoft Office Excel、GenAlEx。

## 【实验步骤】

### 一、软件下载

1）进入 GenAlEx 网址：http: //biology-assets.anu.edu.au/GenAlEx/Welcome.html，在“Download”下载最新版本的 GenAlEx 软件，在“Tutorials”下载学习数据资料与使用说明。

2）打开一个 Microsoft Office Excel 空白表，然后双击 GenAlEx.xlam 文件，弹出安全声明，点击“启用宏”，弹出窗口关闭后在 Microsoft Office Excel 软件菜单栏出现“GenAlEx”选项。

## 二、表格处理

### 1. 表格格式

采用 GenAlEx 插件分析群体遗传学数据，必须按该插件的要求格式构建表格，在 Microsoft Office Excel 中 A～B 列、第 1～3 行为软件格式参数与数据填写区域，须按照软件的要求填写相关内容，不可随便填写，数据录入只能从 C4 开始（图 8-4）。

formats_rats.xls

|  | A | B | C | D | E | F | G | H |
|---|---|---|---|---|---|---|---|---|
| 1 | 2 | 8 | 3 | 2 | 3 | 3 | A1填写基因座位数 |  |
| 2 | Example Dataset |  |  | CAM5 | CAMM | MD |  |  |
| 3 | CODE | SITE | C2 |  | E5 |  |  |  |
| 4 | RF0707 | CAM5 | 148 | 158 | 132 | 134 | B1填写样品数 |  |
| 5 | RF0708 | CAM5 | 150 | 158 | 138 | 144 |  |  |
| 6 | RF0661 | CAMM | 148 | 158 | 130 | 134 | C1填写群体数 |  |
| 7 | RF0662 | CAMM | 148 | 162 | 130 | 134 |  |  |
| 8 | RF0663 | CAMM | 150 | 162 | 126 | 130 | A2填写文件名 |  |
| 9 | RF1195 | MD | 156 | 158 | 130 | 132 |  |  |
| 10 | RF1196 | MD | 158 | 160 | 138 | 144 | A3填写样品表头 |  |
| 11 | RF1197 | MD | 146 | 158 | 132 | 134 |  |  |
| 12 |  |  |  |  |  |  |  |  |
| 13 |  |  |  |  |  |  | B3填写群体表头 |  |
| 14 |  |  | D1—F1填写每个群体样品数 |  |  |  |  |  |
| 15 |  |  |  |  |  |  |  |  |
| 16 |  |  | D2—F2填写每个群体名称 |  |  |  |  |  |
| 17 |  |  |  |  |  |  |  |  |
| 18 |  |  | C3—F3填写基因名称 |  |  |  |  |  |
| 19 |  |  |  |  |  |  |  |  |
| 20 |  |  |  |  |  |  |  |  |
| 21 |  |  |  |  |  |  |  |  |

图 8-4　表格格式

### 2. 构建表格

最好用软件自带功能生成数据表，通过点击 GenAlEx 菜单栏“Create”下拉菜单生成数据表。如选择“Codominant Template”，可在“Parameters”中填写相关参数，#Loci 表示基因座位数，#Samples 表示样品总数，#Pops 表示亚群体个数，#Pop Size 表示每个亚群体的样品数，#Regions、#Region Size 与地理数据相关，可不填。

### 3. 不同数据类型编码输入

1）共显性数据（图 8-4）：某座位（如 C2）有等位基因 146bp、148bp、150bp、

156bp、158bp、160bp、162bp，可直接用其碱基数表示，也可用 1、2、3、4、5、6、7 表示。

2）完全显性数据（图 8-5）：用 1、0 分别表示显性、隐性或条带有、无。

Formats.xls

| ◇ | A | B | C | D | E |
|---|---|---|---|---|---|
| 1 | 2 | 6 | 2 | 3 | 3 |
| 2 | Example of binary data | | | Pop 1 | Pop 2 |
| 3 | Sample No. | Pop. | Locus 1 | Locus 2 | |
| 4 | 1 | Pop 1 | 1 | 0 | |
| 5 | 2 | Pop 1 | 0 | 1 | |
| 6 | 3 | Pop 1 | 1 | 0 | |
| 7 | 4 | Pop 2 | 0 | 0 | |
| 8 | 5 | Pop 2 | 1 | 1 | |
| 9 | 6 | Pop 2 | 1 | 1 | |
| 10 | | | | | |
| 11 | | | | | |

图 8-5　完全显性数据编码

3）单倍型数据：用 1、2……$n$ 分别表示单倍型 1、单倍型 2……单倍型 $n$。

4）SNP 数据（图 8-6）：编码 A = 1，C = 2，G = 3，T = 4，插入、缺失 = 5，其他 = 0，以此表示序列中 SNP 位点的不同碱基、插入、缺失的情形。

Formats.xls

| ◇ | A | B | C | D | E |
|---|---|---|---|---|---|
| 1 | 3 | 6 | 2 | 3 | 3 |
| 2 | Example of haplotype data | | | Pop 1 | Pop 2 |
| 3 | Sample No. | Pop. | bp42 | bp67 | bp114 |
| 4 | 1 | Pop 1 | 1 | 1 | 2 |
| 5 | 2 | Pop 1 | 1 | 1 | 2 |
| 6 | 3 | Pop 1 | 3 | 1 | 2 |
| 7 | 4 | Pop 2 | 1 | 1 | 4 |
| 8 | 5 | Pop 2 | 1 | 3 | 4 |
| 9 | 6 | Pop 2 | 1 | 3 | 4 |
| 10 | | | | | |
| 11 | | | | | |

图 8-6　SNP 数据编码

## 【注意事项】

1）软件 GenAlEx 详细使用方法，可参考 GenAlEx Guide 文件，本实验主要学习群体遗传学基础性分析方法，主要参考“GenAlEx 6.5 Tut1”和“GenAlEx 6.5 Tut2”的内容。

2）根据软件说明，GenAlEx 兼容 Microsoft Office Excel 2016、2013、2010 版本，但由于 Microsoft Office Excel 2016 缺乏完整的 VBA 功能，因此建议采用 Microsoft Office Excel 2013、2010 版本启动 GenAlEx 插件。

## 【实验作业】

### 1. 文件解压

解压“GenAlEx 6.5 Tut1”和“GenAlEx 6.5 Tut2”文件，仔细阅读并学习“GenAlEx 6.5 Tut1.pdf”和“GenAlEx 6.5 Tut2.pdf”文件，学习群体遗传学相关参数的计算方法。

（1）基于频率数据（Frequency-Based）

打开 Ex 1.1～Ex 1.5 表格文件，点击“Frequency＞Codominant”，选择“Freq by Pop、Het、Fstat & Poly by Pop、Step by Step”，从生成的 AFP、HFP 工作表中获取基因频率、基因多样性、有效等位基因数、遗传分化指数等参数结果；点击“Frequency-Based＞Disequil＞HWE＞Codominant”；从生成的 HWS 工作表中获取 HWE 检验结果，并回答 Tut1.pdf 中提出的问题。

（2）基于距离数据（Distance-Based）

1）打开 Ex 2.1～Ex 2.3 表格文件，点击“Distance＞Genetic”，分别选择“Haploid、Codom-Genotypic、Binary”，输出选项为“Output Total Distance Only、Tri Matrix、Label Matrix by Sample”，从生成的 GD 工作表中获取不同亚群体间的遗传距离。

2）打开 Ex 2.4 表格文件，按 1）方法生成的 GD 工作表，结合 Tut2.pdf 文件说明进行分子方差分析（AMOVA）；点击“Distance＞AMOVA”进行分子方差分析，比较手动计算与软件计算的结果是否相同，并回答 Tut2.pdf 中提出的问题。

### 2. 各个班级的 TAS2R38、ABO 基因数据

1）设全年级总人数为 $N$，4 个班级人数分别为 $N_1$、$N_2$、$N_3$、$N_4$，则点击“Create＞Codominant Template”，Loci = 2，Samples = $N$，Pops = 4，Pop Size 分别为 $N_1$、$N_2$、$N_3$、$N_4$。

2）生成格式表格后，将每个个体基因型录入表格，其中 T、t 等位基因用 1、2 表示，A、B、O 等位基因用 1、2、3 表示。

3）计算群体和亚群体的基因频率、基因型频率，进行 HWE 检验，计算群体遗传学相关参数，并讨论相关结果。

# 主要参考文献

常青，张双全，肖丽，等. 1998. 蛋白质与核酸凝胶电泳分子量测定方法的探讨[J]. 生物数学学报，13（4）：484-488.

陈宗礼. 1996. 五个遗传学实验的一次杂交试验设计[J]. 遗传，18（6）：20-23.

毛雪，郭欣欣，张敏. 2012. 锌对果蝇寿命及生殖力的影响及其可遗传性[J]. 安全与环境学报，12（2）：4-8.

王庆元，罗佳滨，白秀英，等. 1993. 人类指端箕形纹的遗传学研究[J]. 黑龙江医药科学，（3）：1-3.

杨大祥. 2016. 遗传学实验[M]. 3 版. 北京：科学出版社.

周洲，程罗根. 2013. 遗传学实验[M]. 北京：科学出版社.

Calò C，Padiglia A，Zonza A，et al. 2011. Polymorphisms in *TAS2R38* and the taste bud trophic factor，gustin gene co-operate in modulating PROP taste phenotype[J]. Physiology & Behavior，104（5）：1065-1071.

Cheon CK，Ko JM. 2015. Kabuki syndrome：clinical and molecular characteristics[J]. Korean Journal of Pediatrics，58（9）：317-324.

Golembo-Smith S，Walder DJ，Daly MP，et al. 2012. The presentation of dermatoglyphic abnormalities in schizophrenia：a meta-analytic review[J]. Schizophrenia Research，142（1-3）：1-11.

Kim UK，Jorgenson E，Coon H，et al. 2015. Positional cloning of the human quantitative trait locus underlying taste sensitivity to phenylthiocarbamide [J]. Science，299（5610）：1221-1225.

1

# 附录一 Falconer 表

| q/% | X | a | q/% | X | a | q/% | X | a | q/% | X | a |
|---|---|---|---|---|---|---|---|---|---|---|---|
| 0.01 | 3.719 | 3.960 | 0.30 | 2.748 | 3.050 | 0.59 | 2.518 | 2.839 | 0.88 | 2.374 | 2.708 |
| 0.02 | 3.540 | 3.790 | 0.31 | 2.737 | 3.040 | 0.60 | 2.512 | 2.834 | 0.89 | 2.370 | 2.704 |
| 0.03 | 3.432 | 3.687 | 0.32 | 2.727 | 3.030 | 0.61 | 2.506 | 2.829 | 0.90 | 2.366 | 2.701 |
| 0.04 | 3.353 | 3.613 | 0.33 | 2.716 | 3.021 | 0.62 | 2.501 | 2.823 | 0.91 | 2.361 | 2.697 |
| 0.05 | 3.291 | 3.554 | 0.34 | 2.706 | 3.012 | 0.63 | 2.495 | 2.818 | 0.92 | 2.357 | 2.693 |
| 0.06 | 3.239 | 3.507 | 0.35 | 2.697 | 3.003 | 0.64 | 2.489 | 2.813 | 0.93 | 2.353 | 2.690 |
| 0.07 | 3.195 | 3.464 | 0.36 | 2.687 | 2.994 | 0.65 | 2.484 | 2.808 | 0.94 | 2.349 | 2.686 |
| 0.08 | 3.156 | 3.429 | 0.37 | 2.678 | 2.986 | 0.66 | 2.478 | 2.803 | 0.95 | 2.346 | 2.683 |
| 0.09 | 3.121 | 3.397 | 0.38 | 2.669 | 2.978 | 0.67 | 2.473 | 2.798 | 0.96 | 2.342 | 2.679 |
| 0.10 | 3.090 | 3.367 | 0.39 | 2.661 | 2.969 | 0.68 | 2.468 | 2.797 | 0.97 | 2.338 | 2.676 |
| 0.11 | 3.062 | 3.341 | 0.40 | 2.652 | 2.962 | 0.69 | 2.462 | 2.789 | 0.98 | 2.334 | 2.672 |
| 0.12 | 3.036 | 3.317 | 0.41 | 2.644 | 2.954 | 0.70 | 2.457 | 2.784 | 0.99 | 2.330 | 2.669 |
| 0.13 | 3.012 | 3.294 | 0.42 | 2.636 | 2.947 | 0.71 | 2.452 | 2.779 | 1.00 | 2.326 | 2.665 |
| 0.14 | 2.989 | 3.273 | 0.43 | 2.628 | 2.939 | 0.72 | 2.447 | 2.775 | 1.01 | 2.323 | 2.662 |
| 0.15 | 2.968 | 3.253 | 0.44 | 2.620 | 2.932 | 0.73 | 2.442 | 2.770 | 1.02 | 2.319 | 2.658 |
| 0.16 | 2.948 | 3.234 | 0.45 | 2.612 | 2.925 | 0.74 | 2.437 | 2.766 | 1.03 | 2.315 | 2.655 |
| 0.17 | 2.929 | 3.217 | 0.46 | 2.605 | 2.918 | 0.75 | 2.432 | 2.761 | 1.04 | 2.312 | 2.652 |
| 0.18 | 2.911 | 3.201 | 0.47 | 2.597 | 2.911 | 0.76 | 2.428 | 2.757 | 1.05 | 2.308 | 2.649 |
| 0.19 | 2.894 | 3.185 | 0.48 | 2.590 | 2.905 | 0.77 | 2.423 | 2.753 | 1.06 | 2.304 | 2.645 |
| 0.20 | 2.878 | 3.170 | 0.49 | 2.583 | 2.898 | 0.78 | 2.418 | 2.748 | 1.07 | 2.301 | 2.642 |
| 0.21 | 2.863 | 3.156 | 0.50 | 2.576 | 2.892 | 0.79 | 2.414 | 2.744 | 1.08 | 2.297 | 2.639 |
| 0.22 | 2.848 | 3.142 | 0.51 | 2.569 | 2.886 | 0.80 | 2.409 | 2.740 | 1.09 | 2.294 | 2.646 |
| 0.23 | 2.834 | 3.129 | 0.52 | 2.562 | 2.880 | 0.81 | 2.404 | 2.736 | 1.10 | 2.290 | 2.633 |
| 0.24 | 2.820 | 3.117 | 0.53 | 2.556 | 2.873 | 0.82 | 2.400 | 2.732 | 1.11 | 2.287 | 2.630 |
| 0.25 | 2.807 | 3.104 | 0.54 | 2.549 | 2.868 | 0.83 | 2.395 | 2.728 | 1.12 | 2.283 | 2.627 |
| 0.26 | 2.794 | 3.093 | 0.55 | 2.543 | 2.862 | 0.84 | 2.391 | 2.724 | 1.13 | 2.280 | 2.624 |
| 0.27 | 2.782 | 3.081 | 0.56 | 2.536 | 2.856 | 0.85 | 2.387 | 2.720 | 1.14 | 2.277 | 2.621 |
| 0.28 | 2.770 | 3.070 | 0.57 | 2.530 | 2.850 | 0.86 | 2.382 | 2.716 | 1.15 | 2.273 | 2.618 |
| 0.29 | 2.759 | 3.060 | 0.58 | 2.524 | 2.845 | 0.87 | 2.378 | 2.712 | 1.16 | 2.270 | 2.615 |

续表

| q/% | X | a | q/% | X | a | q/% | X | a | q/% | X | a |
|---|---|---|---|---|---|---|---|---|---|---|---|
| 1.17 | 2.267 | 2.612 | 1.53 | 2.162 | 2.518 | 1.89 | 2.077 | 2.442 | 4.50 | 1.695 | 2.106 |
| 1.18 | 2.264 | 2.609 | 1.54 | 2.160 | 2.515 | 1.90 | 2.075 | 2.440 | 4.60 | 1.685 | 2.097 |
| 1.19 | 2.260 | 2.606 | 1.55 | 2.157 | 2.513 | 1.91 | 2.073 | 2.438 | 4.70 | 1.675 | 2.088 |
| 1.20 | 2.257 | 2.603 | 1.56 | 2.155 | 2.511 | 1.92 | 2.071 | 2.436 | 4.80 | 1.665 | 2.080 |
| 1.21 | 2.254 | 2.600 | 1.57 | 2.152 | 2.508 | 1.93 | 2.068 | 2.434 | 4.90 | 1.655 | 2.071 |
| 1.22 | 2.251 | 2.597 | 1.58 | 2.149 | 2.506 | 1.94 | 2.066 | 2.432 | 5.00 | 1.645 | 2.063 |
| 1.23 | 2.248 | 2.594 | 1.59 | 2.147 | 2.504 | 1.95 | 2.064 | 2.430 | 5.10 | 1.635 | 2.054 |
| 1.24 | 2.244 | 2.591 | 1.60 | 2.144 | 2.502 | 1.96 | 2.062 | 2.428 | 5.20 | 1.626 | 2.046 |
| 1.25 | 2.241 | 2.589 | 1.61 | 2.142 | 2.499 | 1.97 | 2.060 | 2.426 | 5.30 | 1.616 | 2.038 |
| 1.26 | 2.238 | 2.586 | 1.62 | 2.139 | 2.497 | 1.98 | 2.058 | 2.425 | 5.40 | 1.607 | 2.030 |
| 1.27 | 2.235 | 2.583 | 1.63 | 2.137 | 2.495 | 1.99 | 2.056 | 2.423 | 5.50 | 1.598 | 2.023 |
| 1.28 | 2.232 | 2.580 | 1.64 | 2.135 | 2.493 | 2.00 | 2.054 | 2.421 | 5.60 | 1.589 | 2.015 |
| 1.29 | 2.229 | 2.578 | 1.65 | 2.132 | 2.491 | 2.10 | 2.034 | 2.403 | 5.70 | 1.580 | 2.007 |
| 1.30 | 2.226 | 2.575 | 1.66 | 2.130 | 2.489 | 2.20 | 2.014 | 2.386 | 5.80 | 1.572 | 2.000 |
| 1.31 | 2.223 | 2.572 | 1.67 | 2.127 | 2.486 | 2.30 | 1.995 | 2.369 | 5.90 | 1.565 | 1.993 |
| 1.32 | 2.220 | 2.570 | 1.68 | 2.125 | 2.484 | 2.40 | 1.977 | 2.353 | 6.00 | 1.555 | 1.985 |
| 1.33 | 2.217 | 2.567 | 1.69 | 2.122 | 2.482 | 2.50 | 1.960 | 2.338 | 6.10 | 1.546 | 1.978 |
| 1.34 | 2.214 | 2.564 | 1.70 | 2.120 | 2.480 | 2.60 | 1.943 | 2.323 | 6.20 | 1.538 | 1.971 |
| 1.35 | 2.211 | 2.562 | 1.71 | 2.118 | 2.478 | 2.70 | 1.927 | 2.309 | 6.30 | 1.530 | 1.964 |
| 1.36 | 2.209 | 2.559 | 1.72 | 2.115 | 2.476 | 2.80 | 1.911 | 2.295 | 6.40 | 1.522 | 1.957 |
| 1.37 | 2.206 | 2.557 | 1.73 | 2.113 | 2.474 | 2.90 | 1.896 | 2.281 | 6.50 | 1.514 | 1.951 |
| 1.38 | 2.203 | 2.554 | 1.74 | 2.111 | 2.472 | 3.00 | 1.881 | 2.268 | 6.60 | 1.506 | 1.944 |
| 1.39 | 2.200 | 2.552 | 1.75 | 2.108 | 2.470 | 3.10 | 1.866 | 2.255 | 6.70 | 1.499 | 1.937 |
| 1.40 | 2.197 | 2.549 | 1.76 | 2.106 | 2.467 | 3.20 | 1.852 | 2.243 | 6.80 | 1.491 | 1.931 |
| 1.41 | 2.194 | 2.547 | 1.77 | 2.104 | 2.465 | 3.30 | 1.838 | 2.231 | 6.90 | 1.483 | 1.924 |
| 1.42 | 2.192 | 2.544 | 1.78 | 2.101 | 2.463 | 3.40 | 1.825 | 2.219 | 7.00 | 1.476 | 1.918 |
| 1.43 | 2.189 | 2.542 | 1.79 | 2.099 | 2.461 | 3.50 | 1.812 | 2.208 | 7.10 | 1.468 | 1.912 |
| 1.44 | 2.186 | 2.539 | 1.80 | 2.097 | 2.459 | 3.60 | 1.799 | 2.197 | 7.20 | 1.461 | 1.906 |
| 1.45 | 2.183 | 2.537 | 1.81 | 2.095 | 2.457 | 3.70 | 1.787 | 2.186 | 7.30 | 1.454 | 1.899 |
| 1.46 | 2.181 | 2.534 | 1.82 | 2.092 | 2.455 | 3.80 | 1.774 | 2.175 | 7.40 | 1.447 | 1.893 |
| 1.47 | 2.178 | 2.532 | 1.83 | 2.090 | 2.453 | 3.90 | 1.762 | 2.165 | 7.50 | 1.440 | 1.887 |
| 1.48 | 2.175 | 2.529 | 1.84 | 2.088 | 2.451 | 4.00 | 1.751 | 2.154 | 7.60 | 1.433 | 1.881 |
| 1.49 | 2.173 | 2.527 | 1.85 | 2.086 | 2.449 | 4.10 | 1.739 | 2.144 | 7.70 | 1.426 | 1.876 |
| 1.50 | 2.175 | 2.525 | 1.86 | 2.084 | 2.447 | 4.20 | 1.728 | 2.135 | 7.80 | 1.419 | 1.870 |
| 1.51 | 2.167 | 2.522 | 1.87 | 2.081 | 2.445 | 4.30 | 1.717 | 2.125 | 7.90 | 1.412 | 1.864 |
| 1.52 | 2.165 | 2.520 | 1.88 | 2.079 | 2.444 | 4.40 | 1.706 | 2.116 | 8.00 | 1.405 | 1.858 |

续表

| q/% | X | a | q/% | X | a | q/% | X | a | q/% | X | a |
|---|---|---|---|---|---|---|---|---|---|---|---|
| 8.10 | 1.398 | 1.853 | 11.70 | 1.190 | 1.679 | 15.30 | 1.024 | 1.544 | 18.90 | 0.882 | 1.431 |
| 8.20 | 1.392 | 1.847 | 11.80 | 1.185 | 1.675 | 15.40 | 1.019 | 1.541 | 19.00 | 0.878 | 1.428 |
| 8.30 | 1.385 | 1.842 | 11.90 | 1.180 | 1.671 | 15.50 | 1.015 | 1.537 | 19.10 | 0.874 | 1.425 |
| 8.40 | 1.379 | 1.836 | 12.00 | 1.175 | 1.667 | 15.60 | 1.011 | 1.534 | 19.20 | 0.871 | 1.422 |
| 8.50 | 1.372 | 1.831 | 12.10 | 1.170 | 1.663 | 15.70 | 1.007 | 1.531 | 19.30 | 0.867 | 1.420 |
| 8.60 | 1.366 | 1.825 | 12.20 | 1.165 | 1.659 | 15.80 | 1.003 | 1.527 | 19.40 | 0.863 | 1.417 |
| 8.70 | 1.359 | 1.820 | 12.30 | 1.160 | 1.655 | 15.90 | 0.999 | 1.524 | 19.50 | 0.860 | 1.414 |
| 8.80 | 1.353 | 1.815 | 12.40 | 1.155 | 1.651 | 16.00 | 0.994 | 1.521 | 19.60 | 0.856 | 1.411 |
| 8.90 | 1.347 | 1.810 | 12.50 | 1.150 | 1.647 | 16.10 | 0.990 | 1.517 | 19.70 | 0.852 | 1.408 |
| 9.00 | 1.341 | 1.804 | 12.60 | 1.146 | 1.643 | 16.20 | 0.986 | 1.514 | 19.80 | 0.849 | 1.405 |
| 9.10 | 1.335 | 1.799 | 12.70 | 1.141 | 1.639 | 16.30 | 0.982 | 1.511 | 19.90 | 0.845 | 1.403 |
| 9.20 | 1.329 | 1.794 | 12.80 | 1.136 | 1.635 | 16.40 | 0.978 | 1.508 | 20.00 | 0.842 | 1.400 |
| 9.30 | 1.323 | 1.789 | 12.90 | 1.131 | 1.631 | 16.50 | 0.974 | 1.504 | 20.10 | 0.838 | 1.397 |
| 9.40 | 1.317 | 1.784 | 13.00 | 1.126 | 1.627 | 16.60 | 0.970 | 1.501 | 20.20 | 0.834 | 1.394 |
| 9.50 | 1.311 | 1.779 | 13.10 | 1.122 | 1.623 | 16.70 | 0.966 | 1.498 | 20.30 | 0.831 | 1.391 |
| 9.60 | 1.305 | 1.774 | 13.20 | 1.117 | 1.620 | 16.80 | 0.962 | 1.495 | 20.40 | 0.827 | 1.389 |
| 9.70 | 1.299 | 1.769 | 13.30 | 1.112 | 1.616 | 16.90 | 0.958 | 1.492 | 20.50 | 0.824 | 1.386 |
| 9.80 | 1.293 | 1.765 | 13.40 | 1.108 | 1.612 | 17.00 | 0.954 | 1.489 | 20.60 | 0.820 | 1.383 |
| 9.90 | 1.287 | 1.760 | 13.50 | 1.103 | 1.608 | 17.10 | 0.950 | 1.485 | 20.70 | 0.817 | 1.381 |
| 10.00 | 1.282 | 1.755 | 13.60 | 1.098 | 1.605 | 17.20 | 0.946 | 1.482 | 20.80 | 0.813 | 1.378 |
| 10.10 | 1.276 | 1.750 | 13.70 | 1.094 | 1.601 | 17.30 | 0.942 | 1.479 | 20.90 | 0.810 | 1.375 |
| 10.20 | 1.270 | 1.746 | 13.80 | 1.089 | 1.597 | 17.40 | 0.938 | 1.476 | 21.00 | 0.806 | 1.372 |
| 10.30 | 1.265 | 1.741 | 13.90 | 1.085 | 1.593 | 17.50 | 0.935 | 1.473 | 22.00 | 0.772 | 1.346 |
| 10.40 | 1.259 | 1.736 | 14.00 | 1.080 | 1.590 | 17.60 | 0.931 | 1.470 | 23.00 | 0.739 | 1.320 |
| 10.50 | 1.254 | 1.732 | 14.10 | 1.076 | 1.586 | 17.70 | 0.927 | 1.467 | 24.00 | 0.706 | 1.295 |
| 10.60 | 1.248 | 1.727 | 14.20 | 1.071 | 1.583 | 17.80 | 0.923 | 1.464 | 25.00 | 0.674 | 1.271 |
| 10.70 | 1.243 | 1.723 | 14.30 | 1.067 | 1.579 | 17.90 | 0.919 | 1.461 | 26.00 | 0.643 | 1.248 |
| 10.80 | 1.237 | 1.718 | 14.40 | 1.063 | 1.575 | 18.00 | 0.915 | 1.458 | 27.00 | 0.613 | 1.225 |
| 10.90 | 1.232 | 1.714 | 14.50 | 1.058 | 1.572 | 18.10 | 0.912 | 1.455 | 28.00 | 0.583 | 1.202 |
| 11.00 | 1.227 | 1.709 | 14.60 | 1.054 | 1.568 | 18.20 | 0.908 | 1.452 | 29.00 | 0.553 | 1.180 |
| 11.10 | 1.221 | 1.705 | 14.70 | 1.049 | 1.565 | 18.30 | 0.904 | 1.449 | 30.00 | 0.524 | 1.159 |
| 11.20 | 1.216 | 1.701 | 14.80 | 1.045 | 1.561 | 18.40 | 0.900 | 1.446 | 31.00 | 0.496 | 1.138 |
| 11.30 | 1.211 | 1.696 | 14.90 | 1.041 | 1.558 | 18.50 | 0.896 | 1.443 | 32.00 | 0.468 | 1.118 |
| 11.40 | 1.206 | 1.692 | 15.00 | 1.036 | 1.554 | 18.60 | 0.893 | 1.440 | 33.00 | 0.440 | 1.097 |
| 11.50 | 1.200 | 1.688 | 15.10 | 1.032 | 1.551 | 18.70 | 0.889 | 1.437 | 34.00 | 0.412 | 1.075 |
| 11.60 | 1.195 | 1.684 | 15.20 | 1.028 | 1.548 | 18.80 | 0.885 | 1.434 | 35.00 | 0.385 | 1.058 |

续表

| $q$/% | $X$ | $a$ | $q$/% | $X$ | $a$ | $q$/% | $X$ | $a$ | $q$/% | $X$ | $a$ |
|---|---|---|---|---|---|---|---|---|---|---|---|
| 36.00 | 0.358 | 1.039 | 40.00 | 0.253 | 0.966 | 44.00 | 0.151 | 0.896 | 48.00 | 0.050 | 0.830 |
| 37.00 | 0.332 | 1.020 | 41.00 | 0.228 | 0.948 | 45.00 | 0.126 | 0.880 | 49.00 | 0.025 | 0.814 |
| 38.00 | 0.305 | 1.002 | 42.00 | 0.202 | 0.931 | 46.00 | 0.100 | 0.863 | 50.00 | 0.000 | 0.798 |
| 39.00 | 0.279 | 0.984 | 43.00 | 0.176 | 0.913 | 47.00 | 0.075 | 0.846 | | | |

# 2 附录二 实验试剂配制

## 一、实验用酸碱溶液配制

实验用酸碱溶液的配制见附表1。

**附表1 实验用酸碱溶液的配制**

| 名称 | 分子式 | 浓度/(mol/L) | 配制溶液(1mol/L) | 配制方法 |
|---|---|---|---|---|
| 盐酸 | HCl | 12.0 | 83mL | 定容至1L |
| 氢氧化钠 | NaOH | — | 40g | 定容至1L |

## 二、实验用溶液配制

1. 10×TBE缓冲液（pH = 8.3）

取10.8g Tris、5.5g硼酸、0.744g $Na_2EDTA \cdot 2H_2O$，加80mL去离子水，定容至100mL后室温保存，根据实际需要稀释成1×或0.5×。

2. 1mol/L Tris-HCl缓冲液（pH = 8.0）

取12.11g Tris，加入约80mL去离子水，在通风橱中加入4.2mL浓盐酸（36%～38%），充分搅拌溶解，定容至100mL。高温高压灭菌后，室温保存。

## 三、实验用有毒溶液配制

0.2%～0.4%秋水仙素溶液：取秋水仙素1g，先用1mL 95%乙醇助溶，溶于250～500mL蒸馏水中，配成0.2%～0.4%秋水仙素溶液。

注意：秋水仙素是一种有毒物质，必须小心操作。

## 四、实验用染色液配制

改良苯酚品红染液配制如下。

原液 A：将 3g 碱性品红溶入 100mL 70%乙醇中，此液可长期保存。

原液 B：将 10mL A 液加入 90mL 5%苯酚水溶液中。

原液 C：将 55mL B 液加入 6mL 的冰醋酸和 6mL 的 38%甲醛中。

1）染色液 D（深染）：取 C 液 20mL，加 45%冰醋酸 80mL，充分混匀，再加入 1.8g 山梨醇，放置 14 天后使用，可保存 3 年。

2）染色液 E（浅染）：取 C 液 10mL，加 45%冰醋酸 90mL，充分混匀，再加入 1.8g 山梨醇，放置 14 天后使用，可保存 3 年。

## 五、实验用固定液配制

卡诺氏（Carnoy’s）固定液配制如下。

1）无水乙醇∶氯仿∶冰醋酸：6∶3∶1（体积比）。此液的穿透力强，对核固定优良，是细胞学制片常用的固定液。乙醇能固定胞质及沉淀肝糖，冰醋酸能固定染色质并防止乙醇过度硬化和收缩，氯仿可增加渗透力。

2）甲醇、冰醋酸固定液：甲醇∶冰醋酸 = 3∶1（体积比）。

## 六、补充说明

1）若未做专门说明，实验所用溶液通常用分析纯化学试剂配制。

2）实验溶液浓度有摩尔浓度（M 或 mol/L）、体积浓度（*V*/*V*）与质量浓度（*m*/*V*）之分，常见浓度单位词头如附表 2 所示。

**附表 2　实验常见单位词头**

| 倍数 | $10^{6}$ | $10^{3}$ | $10^{-3}$ | $10^{-6}$ | $10^{-9}$ | $10^{-12}$ |
|---|---|---|---|---|---|---|
| 词头名称 | 兆 | 千 | 毫 | 微 | 纳 | 皮 |
| 词头符号 | M | k | m | μ | n | p |